知の生態学の冒険 J・J・ギブソンの継承 5
The Ecological Turn and Beyond: Succeeding J. J. Gibson's Work

Animals: Symbiotic Ethics of Humans and Environment

谷津裕子
Hiroko Yatsu

動物

ひと・環境との倫理的共生

東京大学出版会

The Ecological Turn and Beyond: Succeeding J. J. Gibson's Work
Vol. 5 Animals: Symiotic Ethics of Humans and Environment
Hiroko YATSU
University of Tokyo Press, 2022
ISBN 978-4-13-015185-6

知の生態学の冒険　J・J・ギブソンの継承

5

動物——ひと・環境との倫理的共生　目次

シリーズ刊行にあたって——生態心理学から知の生態学へ

本シリーズは、ジェームズ・ジェローム・ギブソン（James Jerome Gibson, 1904–1979）によって創始された生態心理学・生態学的アプローチにおける重要なアイデアや概念——アフォーダンス、生態学的情報、直接知覚論、知覚システム、視覚性運動制御、知覚行為循環、探索的活動と遂行的活動、生態学的実在論、環境の改変と構造化、促進行為場、協調など——を受け継いだ、さまざまな分野の日本の研究者が、自身の分野の最先端の研究を一種の「エコロジー」として捉え直し、それを「知の生態学」というスローガンのもとで世に問おうとするものである。

ギブソンが亡くなって四〇年余りの歳月が流れた。この間に「ギブソン・ブーム」「アフォーダンス・ブーム」と呼びたくなるような生態学的アプローチへの注目が日本でも何度かおとずれた。しかしながら、ギブソンそして生態学的アプローチのインパクトは、哲学的・原理的なレベルでの考察に到達しない限り、気の利いた概念のつまみ食いになってしまう。幸いにも心の哲学や現象学という分野の一部では、かつてこの分野を席巻していた観念論的な傾向が厳しく退けられるようになり、行為と実在との関係を核とした新しい実在論あるいは新しいプラグマティズムが勢いを増している。そして、身体性認知科学やロボティクスといった、工学に親近性を持つ分野では、Embodied（身体化された)、Enactive（行為指向の）、Embedded（埋め込まれた）、Extended（拡張した）、という四つのEの発想のもと、認知のはたらきを身体や環境の一部までも含んだ一大システムのはたらきとして捉えることが半ば常識となった。こうした動向は生態学的アプローチの発想の深い受容を示している。

しかし他方、生態学的アプローチのもう一つの本質であるラディカリズムについては、心のはたらきの科学的研究の中核部において深く受容されているとは言い難い。なぜなら心の科学の発想にはいまだに反生態学的な姿勢が根強く見られるからである。その証拠に、心の科学での問題解決は、相変わらず専門家による非専門家（一般人）の改良を暗黙のパラダイムとしている。たとえば、各人の発達の過程を社会的に望ましいものに変えること、各人のもつ障害を早期に「治療」すること、各人の心理的な問題を解決して社会に適応できるようにすること、従業員が仕事に従事する動機を高め生産性を上げること、社会規範に合わせて自分の行動傾向を自覚することなどが奨励されている。専門家が人々の内部に問題の原因を突き止める、そしてそれに介入することで解決を図る。病の源は個々人の内にあり、それを取り除くために専門家に頼る、逆に非専門家の側も専門家による介入を正しいと思ってしまう……この頑強な発想が当然のごとく受け入れられている。心のはたらきを探究する脳神経科学も同様の陥穽にしばしば陥っている。まるで、最終的に人がどう振る舞い何をなすべきかについて専門家たちに伺い立てるように仕向ける暗黙のバイアスが、心をめぐる科学の発想には内蔵されているかのようである。

あえて言おう。このような科学観の賞味期限はすでに切れた。生態学的アプローチのラディカリズムとは、真の意味で行為者の観点から世界と向かい合うことにある。それは、自らの立場を括弧に入れて世界を分析する専門家の観点を特権視するのではなく、日々の生活を送る普通の人々の観点、さらには特定の事象に関わる当事者の観点から、自分（たち）と環境との関係を捉え直し、環境を変え、そして自らを変えていくことを目指す科学である。

生態学的な知とは何か。それは、ある事象の存在の特徴・体制・様式を知ることが、それを取り囲む環境の存在を知り、環境とどのような関係を結びながら時間の経過とともに変化や変貌をとげていくのか、また環境にどのような変化が生じるのかということを知ることに等しいと見なす、そうした知である。

生態学的アプローチは、このような知の発想を生き物の知覚と行動の記述と分析に持ち込んだ。この発想は、モノや料理を作る工作者として、子どもの発達や学習に関わる養育者として、日々の人間関係と人脈づくりに翻弄される市井の人として、わたしたちがそれと自覚することなく行っている様子を、あらためて記述する際に何度も呼び出される。そして、この様子の丁寧な記述のなかからこそ、これまで見えていなかったわたしたちと環境との関係が見えるようになる。わかってくるのは、自分を変えること、自らの行為を変化させることが、実は、自分を取り囲む環境を変えること、周囲の実在との関係を変化させることと等価であるということだ。つまり、わたしたちの生は、周囲と周囲にいる他者との時間をかけた相互作用・相互行為であることがわかってくるのだ。わたしたちがどう生きるのか、何をなすべきかを考える始点は、環境に取り囲まれた存在の生態学的事実に求めなくてはならない。知の生態学は、生きている知を取り戻す、いわば知のフォークロアなのである。

本シリーズでは、こうした生態学的な知の発想のもと、生態学的アプローチの諸概念を用いながら、執筆者が専門とするそれぞれの分野を再記述し、そこで浮かび上がる、人間の生の模様を各テーマのもとで提示し、望ましい生の形成を展望することを目的としている。このシリーズの執筆者たちは、二〇一三年に東京大学出版会より刊行されたアンソロジーシリーズ「知の生態学的転回」三巻本（第1巻『身体』、第2巻『技術』、第3巻『倫理』）にも寄稿しており、そこでは、「生態心理学を理論的中核としながら、それを人間環境についての総合科学へと発展させるための理論的な基礎作りを目的」（同書「シリーズ刊行にあたって」）としていた。前シリーズでは、生態学的アプローチがいかに多様で学際的な学問領域へと適用できるかという可能性を追求し、このアプローチが開拓する新しいパースペクティブを広範な読者に知ってもらうことを目指した。今回新たにスタートしたシリーズ「知の生態学の冒険　J・J・ギブソンの継承」は、前シリーズで貢献した著者たちが、それぞれの専門分野とトピックにおいて生態学的アプローチを十全に、しかも前提となる知識をさほど必要とせずにできるかぎりわかりやすく展開することを目指している。

本シリーズのテーマの特徴は、第一に、身体の拡張性、あるいは拡張された身体性に目を向けていることである。生態学的アプローチの研究対象は、身体と環境、ないし他の身体とのインタラクションである。しかしその「身体」とは、もはや狭い意味での人体に止まらない。岡田美智男の第1巻『ロボット』は、ロボットという身体の示す「弱さ」や「戸惑い」に人間が引き寄せられ、人間がロボットとともに生きていく共生の可能性が描かれている。柴田崇の第4巻『サイボーグ』は、人工物とは根本的に人間にとって何であるのか、サイボーグについての既存の語りを通して人工物を考えるための新しい見取り図を提案しようとする。長滝祥司の第6巻『メディアとしての身体』は、身体を世界と他者と交流するメディアととらえ、身体的な技能と技術を探究しながら、ヒューマノイド的な身体が根源的な「傷つきやすさ」を纏っているとの認識に到達する。谷津裕子の第5巻『動物』は、動物福祉学や動物倫理学の知見を踏まえ、これまでの人間の動物への態度を問いなおす論考である。動物と人間の生の連続性を見据えて、どのように動物と関わることが、ひと、動物、環境がよりよく共生していく道を切り開いていく助けとなるのかが追求される。

もうひとつの重要なテーマは、人間における間身体的な関係への注目である。田中彰吾は第3巻『自己と他者』で、脳が世界と交流する身体内の臓器であることを強調しながら、自己の身体の経験が、発達の最初から他者との関係において社会的に構成されることに着目する。環境とは、人間にとってもそもそも社会的なものなのである。河野哲也は第2巻『間合い』で「間合い」という日本の伝統的な概念を掘り下げ、技能・芸能、とりわけ剣道と能、日本庭園に見られる生きた身体的な関係性としての間合いの意味を明らかにする。熊谷晋一郎の第8巻『排除』は、相模原市障害者福祉施設での大量殺傷事件を考察の起点に置き、当事者の視点に立ちながら、障害者を排除する暴力が生み出されやすい環境とは何か、ソーシャルワーク分野において暴力が起きうる環境条件とは何かを探る。

そしてアフォーダンスの概念の深化である。森直久の第7巻『想起』は、体験が記憶として貯蔵されており、その検索と復元が想起であると考える従来の記憶観を、生態学的アプローチから鋭く批判し、体験者個人に帰属されるアフォーダンスの体験の存在を担保しながら、想起状況の社会性や集合性を考慮し、動的な時間概念を導入した新たな想起論を提示する。三嶋博之と河野哲也、田中彰吾は、本シリーズ最終巻『アフォーダンス』において、ギブソンの「アフォーダンス」の概念と、そのアイディアの継承者たちによる展開について整理しつつ論じ、その理論的価値について述べる。

執筆者たちの専門分野はきわめて多様である。生態学的アプローチのラディカリズムと醍醐味をより広くより深くより多くの人々に共有してもらえるかどうか——本シリーズでまさに「知の生態学」の真意を試してみたい。

二〇二二年一月

河野哲也・三嶋博之・田中彰吾

序

この本にはひとから見える動物の様々なありようが描かれる。本書の特徴はひとから見えるという点にある。つまり、動物そのものの多様さにではなく、動物を見るひとの目線や立ち位置の多様性に強調点が置かれる。そして、その結果として導き出される動物へのひとの関わり方についての分析や解釈に、多くのページが割かれている。

ひとから見える動物の多様性について初めて私が強く意識したのは、二〇一七年、英国にあるグラスゴー大学の修士課程で動物福祉学を学んでいたときのことだ。動物倫理の授業で「アニマル・エシックス・ジレンマ（Animal Ethics Dilemma）」という学習ツール（インターネット経由で利用できる）が教員から紹介された。そして、学生には各自でその学習に取り組み、その結果を次の授業に持ち寄るように伝えられた。このツールはCBT（Computer Based Testing）形式で一二の質問に答えていくものだが、各質問の前には動物への関わりについて何かしらひとが葛藤を覚えるような場面が記されている。その場面を読んだ上で、自分が最も適切と考える行動を五つの選択肢から選んでいくと、最終的に、自分が動物倫理の五つの立場のどれを何パーセントずつ保有するかが数値として表される。自分の倫理的立ち位置の傾向性が、そのプロファイルを見るとおおよそわかる仕組みである。

さて、結果はどうだったろうか。クラスメートの多数派を占めたのは「一〇〇パーセントの功利主義」の立場であり、一六名中一〇名がこれに該当した。他には「五〇パーセントの功利主義と五〇パーセントの関係論」が二名、「七五パーセントの功利主義と二五パーセントの契約論」が一名、「七五パーセントの功利主義と二五パーセントの種の保全思想」が一名、「一〇〇パーセントの動物権利思想」が一名（彼女はヴィーガンであった）であり、私は「七五パーセントの動物権利思想と二五パーセントの功利主義」であった。数値ではっきりと示されることによって、それまで何となく感じていたクラスメートの考え方との違いの根拠が明確になったような気がして腑に落ちた。それと同時に、五つの倫理的立場が微妙なグラデーションで各人の中に溶け合い、ひとから見える動物の多様性を形作っていることに興味を覚えた。私は「七五パーセントの動物権利思想と二五パーセントの功利主義」という自分のプロファイルにそれなりの意味を見出すことができるが、私がそうであるように、他のひとも自分なりの立ち位置から動物を見、動物への関わり合いについて考えているのだろう。

この経験を経て、私は、ひとから見える動物のありようをもっと知りたくなった。一体ひとはどのような立ち位置から動物を見ることができるのか、そのとき動物はどのように見え、ひとはどのような気持ちになるのか。そうした多様な立ち位置や見え方、気持ちを知ることによって、自分とは異なる考えや価値観を持つひとに出会ったときにも、ただただ驚かされたり、憤ったり、「意見の相違」として思考停止したりすることなく、自分の考えや価値観との共通性を見出し、そこを拠り所にして、第三の道をともに探していけるのではないかと考えるようになった。

ひとから見える動物の様々なありようを描き出すツールとして、本書ではアフォーダンスという概念を用いる。アフォーダンスとは、アメリカ人の生態心理学者ジェームズ・ジェローム・ギブソン(James Jerome Gibson, 一九〇四―一九七九)が造った言葉であり、「環境が動物(ひとも含まれる)に提供するもの」(Gibson, 1979＝一九八五、一三七頁)を意味する。アフォーダンスの概念には、価値や意味が環境中に実在しているという主張が含まれている。アフォーダンスは「動物との関係において規定される」(Gibson, 1982＝二〇〇四、三四一頁)とはいえ、それはひとが心の中で想定する価値や意味ではなく、環境の側に実在する特性だというのである(河野、二〇〇五、一四頁)。

ひとから見える動物のありようを探るためには、そのひとの観点から世界を見、そのひとが知覚するアフォーダンスを知ることが必要である。私は私である限り、私以外のひとが動物と生きる世界で何を知覚しているか、価値や意味を見出しているかを、そのひとの内部に入り込んで、知ることはできない。しかし、それを知るための「手がかり」は得ることができる。その手がかりとは、ひとが環境中にあって利用している情報である。ひとが環境の中でどのような情報を抽出・利用してどのように行動するのか。それらのことを、動物に関する文献やインターネットの記事、画像、関係者への聞き取りを通してつまびらかにすることによって、ひとそれぞれの観点から見える動物のありようを知ることができるだろう。そして、そのことは動物が生きる環境や動物とひととの関係を捉え直すきっかけとなり、環境を変え、ひとを変えていく手立てとなるだろう。

ひとと動物の関わり方をめぐっては、互いの意見がすれ違い、折り合いがつかないことが少なくなく、時に激しい対立が起きることもある。日本においても近年では動物の虐待事件や殺処分問題、多頭飼育崩壊、豚コレラや鳥インフルエンザの感染拡大などに注目が集まっていることもあって、「肉食主義対菜食主義」、「動物実験推進対動物実験反対」、「捕鯨推進対反捕鯨推進」など、動物をめぐる論争が激化し、議論が複雑化しているように思う。元農林水産大臣が大手鶏卵生産会社の元代表から賄賂を受け取っていたとされる近年起きた汚職事件で、「アニマルウエルフェア（動物福祉）」という言葉を初めて耳にしたひとも少なくないだろう。さらに、自然環境破壊や乱獲に伴う野生動物の生息地と個体数の減少、地球温暖化の最大の原因とされている畜産動物数の増加など、ひとの社会・経済活動が自然や動物の保全を脅かし、ひと自身の生活をも蝕む状況となっている。そのような中、どのように動物と関わることがひと、動物、地球にとって望ましく、ひと、動物、環境がよりよく共生していく道を切り開いていく助けとなるのか。本書はその可能性を探るための一つの試論である。

本書は次のような流れで展開される。第1章「ひとから見える動物の多様なありよう」では、動物との関わりという点で人々の生活になじみ深いと思われる動物園の動物と畜産動物に焦点を絞り、立ち位置の異なる様々なひとから見える動物のありようを描き出す。第2章「ひとから見える世界、動物から見える世界」では、第1章で示された、ひとの立ち位置によって動物の見え方が異なる仕組みを、アフォーダンスという概念を手がかりに検討する。終章である第3章「ひとと動物、環境の倫理的つながり」では、第1章と第2章で示した現状を踏まえ、ひとと動物、環境の関係の現状と共生の可能性について吟味する。そこでは、ひとの動物に対する関わりについての善悪問題に焦点を合わせ、主観主義の乗り越えの必要性や、動物の声を聞くための知識と共感の働き、共感と身体性の密な関係性、共感に潜む抑圧と交差性、ひと・動物・環境による複合的問題を乗り越えるための視点としてのアニマリズムの概念などを検討する。

ところで、動物とは元来、広く真核生物（細胞核を持つ生物）のうちの動物界を指し、哺乳類、鳥類、爬虫類、両生類、硬骨魚類、軟骨魚類などの脊椎動物の他、ナメクジウオなどの原索動物やホヤ類などの尾索動物、節足動物、軟体動物など、幅広い種類の生物を含んだ系統群である。しかし、動物園の動物と畜産動物に焦点を絞る本書では、哺乳類や鳥類を中心とした、動物界全体から見ればごく限られた動物種が検討される。もちろんこの限定は、本書で言及されなかった動物種には検討の価値がないということを意味するのでは全くない。むしろ、動物園を取り上げながら水族館に言及しないことや、畜産について述べながら漁業に言及しないことは不自然かつ不十分と指摘されて然るべきであろう。事実、近年様々な科学的証拠は、魚類が他の脊椎動物と同じくらい洗練された生物であることを示している。魚たちは道具を使って餌を捕獲したり、数カ月にわたって記憶を保持したり、社会的知性を持って他の魚をなだめたりするなどの高度な知性を有するだけでなく、痛みを感じるのに必要な神経的ハードウエアをすべてそなえていることが明らかになっている。こうした中、水族館の動物たちが大海や大河から比べるとごく狭い水槽の中でルーチンの生活を送らされることや、食用にされる魚たちが苦しみを味わいつつ捕獲され殺されるありようは、十分に検討されるべき倫理的問題を数多く含んでいると考えられる。本書では、そうした問題を含めて検討することはできなかったが、本書で導き出されるアイデアは動物の種や類を超え、動物とひととの関係のあり方そのものについて再考を促すだろう。一方で、本書で扱われなかった動物に特有なひととの共生のあり方が存在するか否か、あるとすればどのようなあり方が倫理的に見て望ましいのかについての検討は、今後の課題としたい。

第1章　ひとから見える動物の多様なありよう

幼い頃、ジャングルジムという、金属管などを立体状に格子組にした遊具で遊ぶのが好きだった。高台にある幼稚園のジャングルジムのてっぺんから見渡す世界は、普段見えている地上の世界とは全く異なり、初めて見る道、空き地、森など、「新しいもの」に溢れていた。そこにはどんなひとが住んでいるのだろう、どんな遊び場があるのだろう、いつか自分もあの見知らぬ町に行くことができるのだろうか。想像に胸を膨らませながら、目の前に広がる世界をむさぼるように眺めていたことを今もよく覚えている。

ひとは自分の立ち位置から世界と向かい合い、ものを見る。立ち位置が異なれば、ジャングルジムが私に教えてくれたように、見えるものも違ってくる。見えるものが違えば、関心や価値観も異なってくる。逆に言えば、関心や価値観の違い、ものの見え方の違いは、そのひとの立ち位置の違いを反映したものとも言える。同じひとでも立場が違えば、ものの見え方、関心や価値観が変わるのかもしれない。さらに、もし同じひとが様々な立場に立てるなら、何かの問題が発生したとしても、異なる関心や価値観に基づいてその問題について様々な角度から捉え、多様な解決策や妥協案を見つけ出すことができるのではないか。

私はこのことをもとに、動物とひととの関わり合いについて考えてみたい。なぜなら、近年、動物とひととの関係性に関する問題が、個々人の倫理的な生活実践から地球規模の持続可能性に至るまで、様々な場やレベルで深刻化しているからである。ひとと動物をめぐるこのような問題は、哲学者や地球環境学者、動物行動学者、医学者、法学者、心理学者、政治家、宗教家など多くの専門家から提起され、一般市民も巻き込み社会問題化して、様々な議論が行われてきた。その中には、倫理的視点から動物をどのように扱うべきかに関する真剣な議論も見られており、動物倫理を代表する思想（契約論、功利主義、動物権利思想、関係論、種の保存思想など）を踏まえて動物に対するひとの義務について考えることの重要性を説くものも少なくない。私は、こうした学説や倫理的思考を、書籍やシンポジウムの世界から、ひとが生活する世界へともう一度引き戻し、ひとから見える動物のありよう、ひとが動物と生きる世界を通して意味づけ直すことができたらと考えている。

ひとが動物と生きる世界といっても、その実像は多様だ。動物やひとが違えば、それぞれに異なる世界が生まれるのだから、実際、その世界は動物とひとの数だけあると言えよう。学術的な分類に従って大まかに挙げるだけでも、愛玩動物（伴侶動物、コンパニオンアニマルとも呼ばれる）、野生動物、展示動物（動物園や水族館など）、実験動物、畜産動物と呼ばれる様々な動物が存在する。本書ではこのうち、ひとの生活になじみ深いと思われる動物園の動物たちと畜産動物に焦点を絞って検討してみたい。

1　動物園の動物たち

では、動物園から見ていこう。

世界には一体いくつの動物園が存在するのだろうか。正確な数値をまとめた資料は見当たらず、また、どの範囲を動物園と捉えるかによってもその数値は異なるため、明確な答えを出すのは難しい。しかし、テレビ朝日の調べでは、二〇〇七年現在世界に存在した動物園数は一〇〇六であり、そのうち日本には一六二施設が存在したらしい。全動物園数の一六パーセント強を占めるこの施設数は、当時で世界第二位（第一位は米国）の多さであり、また、一動物園当たりの土地面積の狭さについては世界一位（二三三二平方キロメートル）である。二〇一九年現在では、公益社団法人日本動物園水族館協会に加盟する動物園数は九一であるが、非加盟の動物園も多数存在しており、NPOが行った動物園調査リストに記載されている日本の動物園数は、合計一五八にのぼる（NPO法人動物解放団体リブ、二〇一九a）。

現行の動物園には動物の存在が不可欠だが、動物以外にも動物園の職員や来園者など様々なひとによって動物園は構成されている。動物園職員には飼育員や事務員、経営者などが含まれる。長年の園長経験を持つ石田戢によれば、いつの頃からか動物園職員たちは自らを総称して「動物園人」、略して「園人」と呼ぶようになったそうだ（石田、二〇一〇、ii—iii頁）。また、来園者とひと言で言っても様々なタイプのひとがおり、多様な分類が可能であるが、その分類の仕方の一つに、一般的な来園者か、動物への特別な思い入れを持つ来園者か、という線引きがある。ひとに近い目線から動物を見る素朴な来園者か、動物に近い目線から動物を見る敏感な来園者かと言い換えてもよい。この二つのタイプの大きな違いは、動物に対するひとの「立ち位置」にあり、この立ち位置の違いは「ひとから見える動物の様々なありよう」を探ることを目的とする本書にとって重要なポイントである。そのため、ここではこの「立ち位置」に基づく分類方法を用い、前者の（ひとに近い目線で動物を見る）タイプの来園者を〔来園者〕と呼び、後者の（動物に近い目線で動物を見る）タイプの来園者を〔動物目線の来園者〕と呼ぶことにする。ひとに近い目線で動物を見るタイプの来園者を単に〔来園者〕と呼ぶのは、後に述べるように一般的にこのタイプのひとが来園者の多数派を占めるためである。

以下では、動物園における動物の見え方を〔来園者〕〔動物園人〕〔動物目線の来園者〕に大別して検討していく。データソースは主に日本で出版・発行された書籍や雑誌、日本人が書いたインターネット上の記事であるため、ここでは「日本の動物園」に限定して論じる。

(1) 来園者

動物園に訪れる〔来園者〕は、動物園の動物に何を期待し、動物から何を感じるのか。現代においてその答えを手っ取り早く知る方法はネット検索であろう。インターネットには動物園に関する口コミ情報が溢れ、例えば上野動物園だけでも四四〇〇件（二〇二一年一二月現在）を超える口コミを読むことができる。概観すると、その内容は①動物園の満足度や見どころ、②混雑具合、③アクセスのしやすさ、④入園料、に大別される。来園者から寄せられたこれらの情報を参考にしながら、ひとは何らかの目的や意図を持って動物園に訪れるのだと考えられる。

動物園を訪れる目的・意図については、各動物園や自治体、動物関連団体、研究者などによって様々な調査がなされている。石田（二〇一三、二一八頁）はそれらを概観して、ひとが動物園を訪れる理由は「家族と一緒に過ごす」が一番多く、次いで「珍しい動物を見に」「ピクニック代わり」と続くと指摘している。

動物園が遊園地のようなレクリエーション施設としてひとに受け止められていることは、当事者からも（来園者の口コミ情報など）、当事者以外からも（アンケート調査、観察研究など）それを裏づける証拠が多数報告されており、ほとんど疑いようのない事実と言ってよいだろう。動物園は、展示物を鑑賞するために一定程度の教養を必要とする美術館や博物館とは違い、恋人同士や夫婦、子ども連れが楽しく時間を過ごすことができる気晴らしや娯楽の場であり、そのレクリエーション的機能の軽重により集客が左右される場とも言える（諸井・古性、二〇一八、九頁）。事実、東京都の上野動物園や多摩動物公園のような都市型の動物園での入園者の年齢構成は、二―四歳の子どもを連れた三〇代前半の親が圧倒的多数を占めている（石田、二〇一三、二一八頁）。これは、動物園が一般的に一定のゲートで仕切られ、視界の開けた障害物の少ない空間で、小さな子どもを連れて外出するのに安心な場であることが関係していると考えられる。

多くの親はビデオやカメラを持って、動物ではなく子どもたちを撮影し、思い出を作ることに励む（同書、二一八頁）。事実、根岸ほか（二〇一四）の調査では、千葉市動物公園のふれあい施設「ヤギとヒツジの広場」の来場者の八割が家族連れグループであること、子どもに最も多く見られたのは動物に触れるという行動であったのに対し、大人の関心は動物ではなく子どもたちを見ることにあったという。また、家族グループ内では動物を指さしたり触れるように促したりする行動が見られ、「ふれあい施設は親子間のコミュニケーションを促進する効果を有している」と研究者らは考察している（一六〇―一六一頁）。

では、〔来園者〕は動物園のどのような動物に関心を持ち、どのように動物を見ているのか。東山動物園（名古屋市）への来園者の動物に対する関心度とその変化を明らかにした研究がある（五百部、二〇〇九）。動物への関心度の目安とされたのは、展示施設前での来園者の滞在時間と、動物を「見る」「話しかける」「写真を撮る」などの行動である。結果、来園者の滞在時間には動物種による違いが認められた。例えば、コアラやトラでは三〇秒以内で立ち去る人が最も多く、ライオンでは三〇秒から一分に滞在人数のピークがあるが、それより長くなると急激に人数が減少した。一方で、ペンギン、アジアゾウ、キリンでは三〇秒以内から一分三〇秒までは変化が少なく、それより長くなると人数は減少するもののその変化の仕方は穏やかであり、中には一〇分以上滞在するひともいた。全体の滞在時間の中央値は一分であったが、来園者の滞在時間が長い動物では、その動物が動いていることが多く、じっとして動かない動物の前からはひとはより早く立ち去った。また、動物種の違いによっても来園者の行動の違いが見られ、例えばアジアゾウやペンギンやライオンでは「動物を見る」ひとの割合が高かったが、トラでは「隣のひとと話す」割合が高く、コアラやキリンでも「隣のひとと話す」「隣のひとを見る」割合が高かった。さらに、動物種によっては、入園時と退園時で来園者の関心が大きく変化する場合があった。ヒョウ、アザラシ、メダカには退園時に関心が有意に上昇したのに対し、コアラ、ウサギには関心が有意に低下した。来場回数が増加するにつれて来園者の関心が上昇する傾向が見られたのはキリン、アジアゾウ、クマであり、逆にコアラやゴリラでは、来場回数が増加するにつれて関心が低下する傾向が見られた。

動物園とひとくくりにされる施設であっても、それぞれの園の立地が異なれば〔来園者〕の属性傾向は異なり、施設内部の空間利用にも立地による相違が反映されるのか。この疑問について明らかにするため、有馬（二〇一〇）は上野動物園と多摩動物公園を調査地とし、来園者に対してGPS調査とアンケート調査を行った。分析の結果、来園者はその属性から次の四つのタイプに分類された。①「動物観覧重視型来園者」：教養を求めるリピーターで、大人を主体とし、動物の観覧を重視するという特徴を持つ来園者、②「レクリエーション型来園者」：教養を求めるリピーターであるが、動物の観覧よりも公園としての利用を重視するという特徴を持つ来園者、③「幼児子供同伴型来園者」：幼児や子どもなどを主体とする来園者、④「初めて型来園者」：大人を主体とする、慰安を求める来園経験の少ない来園者である。最も高い割合を占めたのは、両園とも「幼児子供同伴型来園者」（二園平均四三・四パーセント）であり、特に多摩動物公園ではこのタイプの来園者が全体の四八・二パーセントを占めた。一方、上野動物園来園者の特徴は「レクリエーション型来園者」の相対的多さ（二七・三パーセント）であり、多摩動物公園の同タイプの来園者の割合（一七・三パーセント）よりも有意に高かった。上野動物園は交通の利便性のよい市街地に位置していることから、その立地条件が広範囲からの集客を可能にし、多様な属性を持つ「レクリエーション型来園者」の割合を増加させている一要因だと有馬は見ている。また、両園ともに「動物観覧重視型来園者」が高く評価した動物展示は、飼育舎が新しく、動物の子どもがいるなどの話題性の高い動物展示であった。観覧希望動物を挙げた理由は、「最近メディアで取り上げられた（ている）動物」や「今しか見られない動物だから」を選択することが、他のタイプの来園者に比べて高かった。

動物の人気投票をすると、どの動物園でも上位に上がるのは、ゾウ、キリン、ライオンであり、これらの動物は大型ではっきりした特徴を持つことから特に小さい子どもに人気があるという（石田、二〇一〇、二〇三頁）。ジャイアントパンダについては、年齢が高くなるほど人気が高まる傾向があると同時に、実際にパンダを見ることができる上野動物園では圧倒的に第一位であるが、見ることができない多摩動物公園では第六位程度となるように、そこに来て見ることで人気を高める「ご当地性」

を反映する動物の一つであることが指摘されている。最近は、かわいい、美しい動物の人気が高まる傾向にあるとされ、白色で注目を集めるユキヒョウやホッキョクグマ、愛らしい表情のレッサーパンダは人気が高いという（同書、二〇四頁）。反対に、人気のない動物としては、ペンギンをのぞいた鳥類、ニホンカモシカやヤマネなどの日本産動物が挙げられ、チンパンジーも意外に人気がないという。タレント性のあるチンパンジーであれば人気を集めるかもしれないが、その姿に獣性が表れていると感じ、嫌う人が少なくないとされる（同書、二〇五頁）。年齢や性別によっても動物の人気は異なる。上野動物園における調査では、ライオン、トラ、ゴリラは三〇—四〇代の男性に顕著に好まれ、ニホンザルは微妙な位置にあるが年齢が高くなるにつれて人気が高まる。全般的に人気がある動物はパンダ、ゾウ、キリン、サル、ペンギン、ゴリラ、ライオン、クマ、トラ、ウサギ、コアラ、ホッキョクグマであり、男性に人気があるのはこのうちパンダとゾウとキリン、女性の場合はペンギンだけで、他には男女比はほとんど見られない。年齢との関係では、年齢が低いほど人気が高いのはゾウ、キリン、ウサギであり、一方、ゴリラ、ライオン、トラ、サルは年齢が高くなるに従い人気が上がる。コアラとペンギンは中学生から二〇代の人気が高く、ホッキョクグマは年齢の影響をあまり受けていない（同書、二〇五頁）。

以上のことから、動物の人気は話題性や珍しさ、目新しさに左右されるとともに、体が大きい、外観・行動が変わっているなどはっきりした特徴を持っていること、白い、丸いなど、どこかかわいらしさを有していることなどに影響を受け、力強さを感じさせる動物は壮年期の男性から好かれるなど、性別や年齢でも人気度は異なると言える。

ところで、〔来園者〕は動物の外見や仕草をひとのそれに重ね合わせ、動物の性格特性を推測することが知られている。古性・諸井の研究（二〇一七）によると、アンケート調査の対象となった日本の女子大学生三〇五名（平均年齢一九・六歳）は、ユキヒョウ、ライオン、メガネグマは非調和性が高く、ミルキーワシミミズクは内向性が高く、レッサーパンダとチンパンジーは開放性・外向性・誠実性が高いと、それぞれ見なしたという。ひとが動物に対して推測する性格特性を動物に投影し、動物に対する擬人化したイメージや、動物への親和性や好き嫌いの感情を抱いている可能性がうかがえる。

（2）動物園人

動物園のキャッチコピーは概してポジティブである。「伝えるのは、命」（旭山動物園、北海道旭川市）、「動物たちにより近く、動物たちのことをより深く。」（アドベンチャーワールド、和歌山県西牟婁郡）、「言葉じゃ教えられないことばかりだ。」（東京ズーネット）など、いずれも思わず足を運びたくなるような魅力的なフレーズだ。これらの言葉には、〔動物園人〕が動物園に対してどのようなセルフイメージを抱いているか、また、動物園の運営主体としてひとにどのような印象を持ってほしいと考えているかということが暗示されているように思う。

では、〔動物園人〕は動物をどのように見ているのだろうか。インターネットで「動物園飼育員×ツイッター」で検索すると七六万件（二〇二一年一二月現在）のおびただしい数の情報がヒットする。

その中で繰り返し登場するのが「(動物園人は)動物好き」というフレーズと、「すくすくと成長中！ホロホロ鳥の赤ちゃん」「トナカイのデナリ、袋角の皮がむけ始めました！」といった動物個体の情報である。フォロワーからはすかさず「赤ちゃんはいつから独り立ちしますか？」「皮がむけても痛くないのですか？」といった質問が返ってくる。動物個体に関するこうした情報交換が〔動物園人〕と一般ユーザーとのソーシャルメディア上のやり取りに多いことは、研究的にも明らかにされている。瀧川・杉山（二〇一二）がツイッターを活用している動物園関係者の八アカウントを対象に彼らの二二二件の発言内容を分析したところ、フォロワーから質問を受けて飼育員が回答するというやり取りは全体の約二割を占めていた。その質問を「個体について」「一般的なこと」「園について」の三項目に分類したところ、動物の個体についての質問が半数以上を占めていた。このような「会話の中の知識提供のパターン」は、フォロワーの意見を取り入れ有効活用することによってより効果的にフォロワーに知識を提供できる優れた方法と考えられている。

　最近話題を呼んでいるのは、おびひろ動物園（北海道帯広市）の事例だ。「動物たちのことをもっと知ってもらいたい」という思いで、飼育員が自らブログやツイッターを始めたところ、動物たちの近況や生態を伝える次のような内容に注目が集まったのである。「今日は朝夕急に空気が変わり、秋の匂いがし始めてきた気がします。特にエゾシカでは秋の時期特有の雄の雄叫びを確認したので、もしかしたら夏も終わりに向かっているのかもしれません。(中略)九月一〇月位からはモリモリ秋の味覚とご飯を食べて、ふっくらタヌキをご覧になれるかなと思いますので今しばらくお待ち下さい」（おびひろ動物園公式ブログ「エゾタヌキ飼育日誌」、二〇一九年八月四日)。二〇一九年四月に始めたツイッターのフォロワー数は四六〇〇人以上にのぼり、こうした記事を見て興味を持ち、実際に動物園に足を運ぶひとも多いという(十勝毎日新聞電子版、二〇一九年七月一四日)。

園内の動物舎付近に設置される解説板(説明板、解説パネルなどと呼ばれることもある)も、〔動物園人〕が動物をどう見ているかを知る上で参考になる。一般に解説板には展示動物の基本的情報(種名、分類、生息地、食性、特徴など)が記載されており、最近では個体の情報、生息地の減少、ワンポイント情報が加えられるなど多様化している(石田、二〇一〇、一五三頁)。〔来園者〕はこの解説板に一定の興味を示すようである。金澤ほかの調査(二〇一六)では、来園者は解説板が設置されている場所から動物を観覧することが多く、性別や年代にかかわらず解説板に「関心あり」との回答が優位に高かった。とはいえ、〔来園者〕の興味を喚起する解説板を作るのは〔動物園人〕にとって容易ではないようだ。〔動物園人〕は〔来園者〕が求める理想的な解説板を考えるため、社団法人日本動物園水族館協会が市民や園関係者を招いてワークショップ「動物解説パネルを作ろう」を開催したり(松田、二〇〇三)、動物園がNPOと連携して老朽化した解説板を「面白くて勉強になる」内容にリニューアルしたりと(大阪市建設局、二〇一七)様々に模索を続けている。解説板作りは「利用者の視点」がキーワードであり、「幼稚園や保育園の子どもたちに利用してもらうには、引率する先生にいかに関心を持ってもらうかがポイント」でもあるという(松田、二〇〇三)。

実際にどのような解説板が設置されているのだろうか。例えば、関東地方のZ市にあるA動物園では「カグーのおはなし」と題する解説板があり、「カグーとZ市」「カグーの今」「Z市繁殖センターとは」という見出しで、動物園の所在地・Z市とのつながりを強調した形でカグーの特徴が説明されている。動物への「訓練」の目的を伝える看板もある。関東地方にあるB動物園では、ゾウの展示場に次のような解説板を貼っている。「毎日の訓練を通してゾウと仲良く安全に、しかも、健康状態の管理をすることにより、お客様に元気なゾウさんをお見せできたらと思っています。訓練には厳しさとやさしさが同居しています。もし、訓練風景をご覧になられた方は、温かい目で見守ってください」。その看板の下には「ゾウさんと接するときは、手かぎ（ブルフックのこと）、安全靴、エサ袋、ペンチを携帯します」と記された別の解説板が、写真と説明つきで掲示されている。また、動物園で亡くなった動物について解説することも珍しくない。例えば、関東地方のC動物園では「インドゾウの〇〇子」と題した次のような解説板がある。「〇〇子は、（中略）約六〇年にわたり多くの市民と観光客から親しまれていましたが（中略）推定六二歳で永眠しました」。中には、ネット上で「面白い」「動物園のもう一つの見どころ」と話題になっている解説板もある。例えば、ライオンの特徴に「食いしん坊。人間が大好き」と記された看板について「ブラックユーモアすぎるわ！」とツイートされたり、キジ舎に入り込むスズメに着目して設置されたスズメの解説板「体長：キジ舎の網を通り抜けるくらい、体重：キジ舎で食べた分、繁殖：キジ舎の中、たべもの：キジたちのごはん」の写真に二万五〇〇〇件以上の「いいね！」が寄せられたりした。時おり自虐的な解説板を見かけることもある。東北地方にあるD動物園では「ひと」の檻を展示し、「道具を使い、高い知能をもった高等な動物である。

しかし、その知能と道具を使い、他の動物たちを危険な目に合わせることもある」という解説板を掲げている。

ひとを楽しませることに動物園が傾倒することは、動物園が動物という繊細な生き物を扱う施設でもあることを鑑みるとある種の危うさを感じさせる。しかし、戦後における日本の動物園の再建が、戦争で喜びを失った国民、特に子どもたちへ楽しみと温かさを提供するレジャー施設として急速に進んでいった歴史（石田、二〇一〇、七四―七六頁）を鑑みれば、現代のこうした風潮も特に驚くことではないかもしれない。エンターテイメント性を高めるため、現在でも動物園に遊園地が併設されることは少なくなく、特にその傾向は民間動物園に顕著である。また、食の楽しみも欠かせない。動物園内の展示動物と同種の肉を提供する料理店が園内に設置されていることは決して珍しいことではない。最近特に流行りなのが、ナイトズーやナイトサファリと呼ばれる夜型動物園である。夜行性の動物が見せるダイナミックな行動は〔来園者〕にとって大変魅力的であるため人気が高く、集客対策としては有効である。しかし、こうしたイベントは内容が遊びの方向へエスカレートしやすく、動物に悪影響を与えかねないと懸念する声が、〔動物園人〕からも上がっている（例えば橋川、二〇一八、一七一頁）。

実際、楽しさがなければ、おそらく動物園は成立しない。〔来園者〕の多くは、動物のことを学ぶために来園するわけではないのだから（石田、二〇一〇、一四六頁）。しかし、それでも国内外を問わず〔動物園人〕が繰り返し強調するのは、動物園のもつ教育的役割の重要性である。生きた動物の息づかいを肌で感じ、匂いを嗅ぎ、鳴き声を聞き、動きを目で追うことによって、ひとは様々な感情を呼び起こされる。その圧倒的な迫力、大きさや小ささ、力強さやか弱さ、行動の俊敏さや意外さなどを体感できる施設として、動物園の存在は貴重だと考えられている。映像技術の進歩を受け、近年はコンピュータ型エンターテイメント施設が増えてきているが、そのような「編集済みのもの」は視覚と聴覚にしか訴えてこない。「動物園にとって実物展示は譲れない最後の一線」（木下、二〇一八、二二二―二二三頁）なのである。

こうして動物がひとに引き起こす感情は、〈来園者〉の動物への興味や知的好奇心を刺激すると〈動物園人〉は考える。ひとの知的関心は、動物の意外さや個性への気づきから始まり、動物とひととの違い、動物の暮らし、自然への理解へと導かれるだろう。動物との出会いやタッチングはその第一ステップであり（橋川、二〇一八、一六四頁）、動物への繊細なふれあいや世話を基礎にして情操教育、つまり「心」の教育と動物理解という動物園が目指すものが実現されるのである（石田、二〇一〇、一六三頁）。しかし、近年は単に「癒し」を求めて動物園を訪れる大人の〈来園者〉の増加を危惧する〈動物園人〉もいる。それは、ペットによる癒しと同等の個人的な指向によるものであり、情操教育とも動物理解とも少し離れたところにあると考えるべきであろう（同書、一六四頁）。

動物園での教育形態は他にもあり、近年その形態は多様化する傾向にある。音声ガイドやリーフレット、ガイドブック、機関誌などの媒体は以前から存在したが、動物解説員による解説、飼育員が動物舎の前で解説をする「スポットガイド」など、物ではなくひとによるフェイス・ツー・フェイス教育は昭和末期から平成にかけて急速に普及した。また、最近は、特定のひとたちを対象に比較的長時間かけて行う体験学習や体験教室などのプログラミング教育も人気である。さらに、自然観察会や移動動物園、出張授業、遠隔地授業など、動物園外での教育活動のニーズもある（同書、一五三―一六九頁）。

さて、動物園はレクリエーションや教育の場というだけではなく、動物を飼育し展示する施設であるということを忘れてはならない。日本の飼育担当者の数は、平成元年の約一二〇〇名から平成二〇年の約一八〇〇名まで、二〇年間で一・五倍に増えている（同書、一八七頁）。増加した主な原因は、飼育係の仕事内容の質的・量的な増大である。昭和から平成へと年号が変わる頃から、飼育係の役割にはいわゆる動物の世話に加え、先に述べたような教育活動への参加、展示の改善、血統登録、動物の研究などいわゆる知能労働型の業務が加わり（同書、一八七頁）、その任務はより増加し、より複雑化しているのである。

最近、動物園での事故が増えており、動物が脱走したり職員が死傷したりすることが多く起きている。事故の原因には、動物舎の老朽化、新動物舎の設計不備、職員の不注意などがあると言われる。加えて、感染症から動物を守ることも重要である（橋川、二〇一八、一七二―一七四頁）。こうした問題への対策として、〔動物園人〕には日々厳しい目で施設設備を確認・整備・改修したり、危機管理マニュアルを整備したり、飼育員同士の連携を密にしながら確かな技術で動物を管理したりすることが求められる。

動物園の展示には様々な形態が見られる。檻と柵は、主に動物の逃走とひとへの危害防止を目的に作られる。大型草食獣にはジャンプ力や破壊力に耐えられるだけの強さと高さを持った柵が多用され、肉食獣や猿類、飛翔力のある鳥類には檻が使われることが多い（石田、二〇一〇、一〇四頁）。一方、こうした檻や柵を使わない展示方法も存在する。「無柵放養式」と呼ばれるその展示方法にはいくつかのタイプがある。動物と動物の間に見えない濠を作り、肉食獣と草食獣があたかも同じ空間にいるような展示や、後背に土を盛って高いところに高地に住む動物を置く、高低差を利用したパノラマ型展示などである。本来一緒に飼育することができない動物を、同一の視野に入れることを可能にするこうした展示方法は、それを始めた動物園の名を用いて「ハーゲンベック型展示」と呼ばれる。他にも、ゾウ舎などによく見かける〔来園者〕と動物の間に濠を設けるスタイルや、その濠の中に動物を飼うスタイル（サル山によく見られる）、あるいはその濠をプールにしてホッキョクグマなどを泳がせるスタイルなどがある。

動物の身体的特徴を見せることを重視する「形態展示」ではなく、野生の生息地を再現した「生態展示」というスタイルもある。近年では、生息環境の再現だけではなく、さらに人間社会と周辺景観との結びつきに配慮したジオラマ的な景観形成に重きを置く空間構成が主流となっている。「ランドスケープイマージョン」と呼ばれるこのスタイルは、一九七六年にアメリカで提唱された概念で、草木や森、川、岩山などを用いて野生動物の原生環境をできるだけ再現し、〔来園者〕がその生息地に入り込んだような錯覚を作り出す演出方法である（若生、一九九八、四七三頁）。この方法を技術的に支えているのは、植栽技術、擬岩技術、強化ガラス、電気柵であり、動物学的には動物行動学や動物心理学の進歩がこの動きを後押しした（石田、二〇一〇、一一〇頁）。

展示について最近話題になったのは「旭山動物園の奇跡」である。それは、いったんは閉園に追い込まれそうになった公立の旭山動物園（北海道旭川市）が、「行動展示」という展示方法により日本全国のみならず海外からも〔来園者〕を集めるほどに復活し、動物園として有料来園者数日本一を達成した「日本動物園史上に残る出来事」である（木下、二〇一八、一二八―一二九頁）。「行動展示」とは、動物の行動的特徴を見せるように工夫された展示方法であり、同園長の坂東元によればそれは「動物の能力、習性行動を引き出し、生き生きとした動物たちを飼育下だから初めて見られるアングルと距離で見てもらう」ものである（石田、二〇一〇、一一一頁）。ペンギンが泳ぐ水槽の中に水中トンネルが設営され、水中を飛ぶように泳ぐペンギンが見られる「ぺんぎん館」、プールの壁に窓をつけ、クマの泳ぐ様子やプールへのダイビングなど迫力ある行動が観察できる「ほっきょくぐま館」、人間がかごの中に入る事で、鳥が自然の姿で飛び交う生態を観察できる「ととりの村」など、新たな展示施設が作られるたびに旭山動物園は話題を呼び、その名を全国に轟かせた（木下、二〇一八、一三〇頁）。旭山動物園を再建に導いた小菅正夫元園長は、「動物園の動物は動かないからつまらない」という市民の声に応え、「動物の凄さ」を実感してもらえることを動物園再生の理念としたという（同書、一二九頁）。

このように動物の種にふさわしい行動と能力を引き出し、動物福祉を向上させるような方法で動物の環境を構築し、改造することを「環境エンリッチメント」と呼ぶ。単に新しい展示方法の一つということではなく、動物にとっての環境を改善すること、動物の生活の質や幸福度に配慮する「動物福祉」の考えがその根底に流れていることがポイントである。環境エンリッチメントは、動物舎の構造や設備を改善する「構造エンリッチメント」だけにはとどまらない。例えば、ほとんどの野生下の動物たちは一日の大半を餌を求めて移動・探索・採食したり、仲間とコミュニケーションしたりすることに費やす。そのため、採食時間を延長させるような仕掛け（わざと餌を見つけにくい場所に置いたり食べにくい大きさにしたり餌の時間をランダムにするなど）によって「採食エンリッチメント」を行うことや、年齢や性別を考慮した構成の群れで飼育をする「社会エンリッチメント」を行うことも、環境エンリッチメントには含まれる。他にも「感覚エンリッチメント」（色・音・匂いなどで動物の五感を刺激すること）や「認知エンリッチメント」（道具などにより複雑で多様な環境探索能力を刺激すること）なども有効とされている。

こうした環境エンリッチメントは、二〇〇一年から二〇〇五年にかけて日本の動物園で取り入れられたとされる（石田、二〇一〇、一三三―一三四頁）が、短期間で急速に普及が進んだ第一の理由は、それが日常的な飼育行為に直結するものだったからと石田は指摘する。飼育業務の特徴の一つに「孤独性」という要素がある、飼育員は原則として一人で仕事に立ち向かわなければならず、しかもその業務は淡々としていて、劇的な発見や変化はたまにしか起きない。そうした中でエンリッチメントの事例は新しいモデルを飼育員に提供してくれた。第二の理由は、環境エンリッチメントが動物の生活の質的向上に役立っていると考えられることだ。飼育員は、動物たちが退屈な毎日を過ごしているのを喜んで見ているわけではない、と石田は述べる（同書、一三四頁）。なんとかしなければいけないと考えつつも、具体的な行為を発見するには時間と発想力が必要であるし、予算の問題もある。仮に自ら発見した具体策を実施したとしても、新しい試みなので失敗の可能性もあり、不安が頭をよぎる。こうした問題を解決してくれるのは、他園でのエンリッチメントの事例である。第三には、〔来園者〕の評判がよいことである。動物たちは生き生きしてくるし、退屈そうには見えない。日本におけるエンリッチメントが、当初あまり注目されなかったのも、またその後、急速に取り入れられていったのも、それが飼育員の日常的業務との密接な関係があったがゆえであると、石田は分析する（同書、一三四頁）。

ところで、動物園にとって欠かせない動物の供給方法については、自然の生息地で捕獲される場合と、動物園の飼育下の繁殖事業で繁殖される場合、他の動物園から充当ないし貸与される場合がある（Francione, 2000＝二〇一八、八〇頁）。日本では昭和五〇年代から野生の動物を持ち込むことがそれまでのようには許されない状況となり、その後、飼育下での繁殖による動物園動物の自給自足が新しい課題となった（石田、二〇一〇、一二三頁）。繁殖の成功は一種の個人的技術であって、一つの園で得た繁殖技術は「秘伝」的なものとして隠されることが少なくなかった。しかし、動物種によっては繁殖可能な個体で群れを形成することが繁殖の条件であり、また、遺伝的多様性を保持するためにも一動物園内の努力には限界があるため、動物園同士の連携が必要であることは明白である。そこで、昭和から平成に変わる頃、繁殖のために動物園同士が飼育動物を一定期間貸し借りする「ブリーディングローン（Breeding Loan）」と呼ばれる制度が開始され、現在でも多用されている。さらに、平成二年に東京都が策定した「ズーストック計画」は、全国の動物園の共同繁殖を推進した。この計画は、東京都に所属する四つの動物園で重点的な繁殖動物を分担して繁殖することを目指すものであり、重点種の繁殖のために展示種を整理し、加えて飼育空間を広く取るための施設改造も含まれていた。ズーストック計画の趣旨に賛同する動物園が増加したことで、日本動物園水族館協会の種保存委員会の活動も現実的な力を得て始められるようになった。最近では、東京都のような税収的に比較的恵まれた自治体を背景に持つ動物園でなくても、独自に繁殖センターや繁殖施設を設置する園も見られ始めており、希少動物の繁殖に向けて施設や展示、飼育方法の改善が進められている（同書、一二四―一二九頁）。

動物園の中には、展示動物を繁殖するだけでなく自施設で野生動物の調査を行ったり他施設の調査に協力したり、大学や研究機関との共同研究や検体の提供を行っている施設もある。一九九八年、日本動物園水族館協会が加盟園を対象に実施した調査（回答率八〇・一パーセント）によると、飼育動物の調査研究については繁殖関連のテーマが多く、野生動物については鳥類生息調査が多い。また、同調査では日本動物園水族館協会加盟動物園の約九〇パーセントが野生傷病鳥獣等の保護受付を行っている実態が浮き彫りになった。法律的な裏づけはないものの、一般市民は傷ついた野生動物を動物園が受け入れ保護するのは当然のこととして、傷病鳥獣を園に持ち込む現実がある。年間九〇〇〇羽を超える鳥類が動物園に持ち込まれていた。このニーズに対応するには都道府県の鳥獣保護行政との連携が重要だが、十分な予算措置等が取られておらず対応が困難となっている施設も少なからず存在した。各園での保護動物の死亡率は一四―一〇〇パーセントと幅広い結果となっていた（日本動物園水族館協会、n.d.）。

（3）動物目線の来園者

これまでのところ、多くの読者にとって動物園や動物に対するひとの見方におおむね「不自然さ」は見当たらないのではないだろうか。一般的な〔来園者〕は動物園に楽しさと安らぎを求め、〔動物園人〕はその期待に応えるべく、十分とは言えないながらもベストを尽くしている。ところが、こうした動物の見方、動物園のあり方そのものに「不自然さ」を感じ、疑問を呈するひともいる。

そのひとたちは、動物を人工的な環境に置き、監禁状態にし、不自然な餌を動物に与え、動物がひとに好奇の目で見られることを生業とさせられていること、また、ひとの都合で動物が利用されていることに倫理的な嫌悪感を抱く。その嫌悪感の強さは、様々な要因に左右されるが、動物に対するひとの立ち位置の違いは、その大きな一因であるだろう。例えば、動物はひとと同様に権利の主体であり、他人の所有物とされない基本権を有するのであり、動物が有するひとに利用されない権利とその利益を真に考慮しなければならないと考える「動物権利主義」の立場や、ひとが動物を利用する現状を肯定した上で、動物も人間と同様に苦痛を感じる力を持っていると考え、その苦痛を軽減するためにその動物本来の習性や能力を尊重するべきだと考える「動物福祉論」の立場がある。また、そもそも動物とひとの扱いに差を設けることに合理的な理由はなく、そうした「種差別」の発想を撤廃するべきとし、ひとに与えることが許されない苦痛は動物にも与えられるべきでないと考える「動物解放論」の立場や、動物を情緒的に愛おしむことを是とし、動物の虐待を防ぎ、動物の生命や安寧を守ろうとする「動物愛護論」の立場も存在する。このように様々な立場があり、それぞれに力点の違いはあるが、いずれの立場も「動物への配慮」「動物の取り扱いの改善」「動物の立場の尊重」を主張する考え方であることは共通していると言えよう（打越、二〇一六、七―九頁）。動物は痛みや喜びを感受する感覚性や情感をそなえ、ひとと同じく苦しまないことを利益とする存在である。彼らにとって動物とひととは「似た者同士」であり、感覚性と情感をそなえない他のあらゆるものとは一線を画す存在なのである（Francione, 2000＝二〇一八、三七頁）。以下ではこのような立場の人々を〔動物目線の来園者〕と総称し、このような人々にとっての動物園や動物の見え方の概観を示してみたい。

〔動物目線の来園者〕が重要視するのは、動物の痛みや苦しみの存在である。ここで言う痛みや苦しみには、喉の渇きを水分で補えない苦しみといった動物の生理的欲求の不充足感がもちろん含まれる。しかし、〔動物目線の来園者〕が注目する動物の苦痛とは、そうした動物の身体的な苦痛にとどまらず、精神的ないし社会的な次元での苦痛を含めた幅広い概念である。

こうした動物の身体的・精神的・社会的苦痛への着目は、一九六五年に英国政府への勧告機関である畜産動物ウエルフェア専門委員会が作成したブランベル報告書に記され、一九九〇年代前半に定式化された動物の「五つの自由（The Five Freedoms）」の考え方に近いものであると考えられる。「五つの自由」は、今日では畜産動物だけでなくひとに関わるすべての動物の福祉の国際的基準であり（佐藤、二〇〇五、一六五頁)、動物に与えられるべき次の五つの状態を指している。①飢えと渇きからの自由(健康と活力を維持するために新鮮な水と食べ物がすぐに利用できること)、②不快からの自由(収容所と快適な休養場所を含む適切な環境を維持すること)、③痛みや怪我、病気からの自由(予防とすばやい診断・治療が施されること)、④自然な行動をする自由(十分なスペースと適切な施設を提供することと、その動物と同じ種の仲間を提供すること)、⑤恐怖や苦痛からの自由(精神的な苦痛や恐怖を与えない状態と環境、ケアを確実にすること)である(公益社団法人日本動物福祉協会、n.d.)。さらに、動物がよりよい福祉を得るためには、前向きでポジティブな感情を抱くことが重要である。そのため、現在は六つ目の自由として、⑥前向きな経験をする自由(肯定的な感情を持つために適切な環境や機会を与えること)も考慮されるべきとされている(Mellor, 2016)。

〔動物目線の来園者〕が重要視する考え方の背景にはこのような動物の「六つの自由」があるが、〔動物目線の来園者〕にも「動物福祉」「動物愛護」「動物権利」「動物解放」といった様々な立ち位置があり、それぞれに重視する点も目指す地点も異なるだろう。しかし、あえて便宜的にその到達点を分類するとすれば、「動物愛護」と「動物福祉」は動物を利用することを否定せず、飼育状況の改善を求める立場により近く、一方で、「動物権利」と「動物解放」はそもそも動物の利用をよしとせず、動物園の廃止を求める立場により近いと言えるかもしれない。

以上のことから、〔動物目線の来園者〕と言えどもその動物園の動物に対する見方は様々であると考えられる。その違いには非常に微妙で繊細なものがあるため、それらをひとまとめにして彼らの動物観、動物園観を述べることは誤解を招きかねない危うさがある。しかし、何も語らないでいるよりは、私は危険を冒してもあえて語ることを選ぶ。完璧な見取り図は描けないとしても、これを一つの足がかりにして議論を少しでも前に進めたいと考えている。

では、彼らは具体的にどのように動物園の動物たちを見ているのだろうか。手がかりとするのは、〔動物目線の来園者〕と思しきひとが発信しているインターネット上に公開されている写真や記事である。その中には、個人が発信する情報（ブログ、ユーチューブなど）も多数あるが、今回は日本で活動している動物関連団体から発信されているデータを主な手がかりとし、彼らから見た動物の姿、動物園のありようを見ていきたい。

まず、〔動物目線の来園者〕が注目するのは、動物園の動物が示す「異常行動」である。「異常行動」とは、動物の苦悩が長引いた場合、その苦悩の原因とは直接関連なく特化した形で出現し、永続的に固定化する行動である。異常行動には、常同行動、変則行動、異常反応、異常生殖行動などがある（佐藤、二〇〇五、四九頁）。「常同行動」は、例えばゾウがダンスを踊るように足や頭部をリズミカルに動かしたり、キツネやクマなどが同じ場所を同じ速度で行ったり来たりするような、儀式的で長期間繰り返される行動である。「変則行動」は動物がもともと持っている行動様式の変調であり、ウシやブタが元来行わないイヌの「お座り」のような動作をすることが例として挙げられる。「異常反応」は無関心や過剰反応といった反応性の異常であり、「異常生殖行動」は子殺しや授乳拒否などの行動である（同書、四九—五七頁）。これらの異常行動は、不適切な環境からくるストレスを和らげようとする適応行動であり、低ウエルフェア状態の指標（Appleby & Hughes, 1997＝二〇〇九、一四三―一四七頁）とも言われている。

認定NPO法人アニマルライツセンター（二〇一六a）のホームページには「動物たちの苦悩――常同行動」というスレッドが掲げられ、関東地方にある様々な動物園のスマトラトラやホッキョクグマ、レッサーパンダ、シカのペーシング（同じ場所を同じ速度でぐるぐる動くこと）の様子などが、解説入りで示されている。例えばホッキョクグマの動画には、「この日はかなり気温が上がったが、水の中に潜るでもなく、ひたすら歩き回っていた。ホッキョクグマは本来北極圏で生息する生き物。その行動圏は三〇万平方キロメートルの報告がある」との説明が付されている。同様に、NPO法人動物解放団体リブは、関東地方のE動物園にいるフサオマキザルが自分の手や足、肘、膝を激しく噛み続ける動画をアップし、「フサオマキザルは知能が高い猿です。人間の介護にまで利用されてしまうほどに、気がつくし、理解する動物です。であるからこそ、多くの収容所（動物園のこと）で、狂ってしまったフサオマキザルを見ました。どこの子も忘れられません。苦しそうな姿をありありと思い出します」と綴っている。また、同団体は九州地方にあるF動物園のチンパンジーの食糞行動の動画を示し、「チンパンジーの食糞は他の施設でも見られました。自由なチンパンジーは多くの時間を食べ物を探して生きています。しかし監禁されたチンパンジーは、時間が有り余っている、常にひとに見られているストレス、監禁されているストレスなど多くのストレスを抱え、異常行動に陥ります。他の動物も同じです」と解説している。動物解放団体リブの記事で他園の動物との比較をした解説が多いのは、この団体の代表者・目黒峯人がクラウドファンディングで日本全国の動物園水族館を視察調査した結果を踏まえ、これらの記事を書いていることに起因する。地球生物会議アライブのホームページには、柵をひたすらかじり続けるキリンやラクダ、オスがメスに暴力的な振る舞いを続けるチンパンジーなどの様子が映し出されている。動物解放団体リブのホームページ（二〇一七a）からは、こうした動物園の動物の異常行動の種類と特徴を説明した「動物異常行動リスト」を読むことができる。

このような監禁状態にある動物に見られる異常行動は、イギリスの野生動物保護団体の創立者ビル・トラヴァースによって一九九二年「ズーコシス（zoochosis）」と命名され（Return to Now, 2016）、日本語では「動物園精神疾患」などと呼ばれている。ズーコシスの原因には、自然の生息環境から引き離されたこと、人間に管理された退屈な生活、集団生活の喪失、医療や薬剤による生殖能力の操作、人工的な空間や人間との接近などがあるとされている。ズーコシスは野生から捕獲された動物でも動物園生まれの動物でも関係なく見られ、動物の年齢や性別には関係なく、また哺乳類だけでなく鳥類など幅広い種に発生することが明らかにされている。

〔動物目線の来園者〕は、動物の健康状態にも注目する。アニマルライツセンターは、関東地方のG動物園のインドクジャクの歩行障害、サシバエにたかられるシカの様子などを詳細に報告している。動物解放団体リブは関東地方のH動物園のニホンザルが怪我をして肉まで見えている様子や皮膚病を患っている様子、四国地方にあるI動物園の毛抜けしたルリコンゴウインコやキエリボウシインコ、北海道地方のJ動物園のホッキョクグマの異常な糞の状態など、病的状態にあると考えられる動物の様子を多数の写真や動画で報告している。フェイスブック上のパブリックグループ、動物園・水族館・動物芸事故事例集には、全国の動物園の動物の怪我、事故、死亡状況がリアルタイムで報告されている。

動物ふれあい施設に対する目も厳しい。動物保護団体PEACEは、関東地方にあるK動物園の「なかよし広場」で小さい子どもが動物を乱暴に扱う複数の場面を（子どものプライバシーに配慮する形で）掲載し、そのときの状況について「動物との接し方は張り紙がしてありますが、係員による指導はないもよう」と報告している。また、同団体は、同園では不要になったふれあい動物（ヒヨコ、マウス、モルモットなど）を園内の肉食動物に生きたまま餌として与えていることや、生き餌ではなく死体を餌として与える場合の飼育員によるふれあい動物の殺し方（例えばヒヨコは頭を地面に叩きつける）について関係者に聞き取り、報告している。そして「もちろん肉食動物にもエサは必要なので、ハツカネズミやモルモットをエサとして与えることを否定する気はありません。しかし、生きている間は大勢の人間によってたかって触られストレスを感じ、不要になったらヘビや猛禽に襲われ恐怖を感じながら食べられてしまうその一生を思うと、複雑な気持ちになりました」と綴っている。ふれあい動物を他の飼育動物の餌に用いているのはもちろんK動物園だけではない。例えば、動物保護団体PEACEは中部地方にあるL動物園への調査により、同園がウサギやモルモット、ヒヨコを繁殖し、「ふれあい動物園」で使用した後、頭部殴打、炭酸ガス、生き餌という方法で殺処分し、同園内の肉食動物に与えていることを明らかにしている。「ふれあい体験」に用いた動物を餌にして他の動物に与える、〔動物園人〕によって密かに「園内リサイクル」と呼ばれるこうしたシステムについて動物解放団体リブ（二〇一八a）は、「知らない人にとっては残酷で、無慈悲で、非倫理的な行為ですが、収容所（動物園）や収容所ファンはもちろん、爬虫類や猛禽類、両生類を飼育している人々にとっては当たり前です」と指摘する。

展示については、単にその方法だけでなく動物を展示するという行為自体にも批判の目が向けられる。動物解放団体リブは、東北地方にあるM動物園のオオワシが、鳥舎の中で短い飛行を繰り返す様子を動画にアップし、「ときに檻にぶつかってしまっていました。このオオワシは、これからどのくらいこれを繰り返すのでしょう」と綴っている。また、同団体は中部地方にあるN動物園で怪我や常同行動をしているリカオンの写真に添えて「時速七〇キロメートルで走れるリカオンが狭い監獄に監禁されている」とコメントしている。

興味深いのは、動物舎の扉などに頻繁に見られる錆びた部分を映し出す数々の写真である。明らかに爪の跡がわかる擦り跡、新しくペンキで塗り重ねられた後にさらに擦られた跡、動物がすでにいない飼育場に残る擦られた跡。それぞれの錆や擦り跡に、動物の行為とその思いが透けて見える。例えば、関東地方のO動物園にいるアジアゾウのゾウ舎の扉には、ゾウが足で扉を開こうとして何度も接触した下の部分と、頭を扉につけてじっとしているときに接触した背丈くらいの高さの部分に、それぞれ擦れた錆跡が見られる。「錆びている部分は動物が出たい、部屋に帰りたいために（体の一部をそこに）擦った跡」であると動物解放団体リブの代表・目黒は述べている（二〇一九b）。同様に、動物ジャーナリストの佐藤榮記は自身のフェイスブックに次のような写真と記事を挙げ、動物の行動が残した痕跡について紹介している。

けしてアートではない。
何の写真か、まったくわからないだろう。
鉄のドアだ。
六年前、初めてこの黒い鉄のドアを見た。
その時はこのアーティスティックな模様はもっと薄かった。
六年間、ある者が、素手で、鉄に模様を付けた。
もし、誰かが素手で、六年の間に鉄に
こんなにも模様を付けるとしたら、
それは並大抵の事ではない。
毎日毎日手の皮が剝けるほど、
扉を擦らなければならないだろう。
模様を付けたのは、ビーバーだ。
ここは動物園のビーバー舎だ。

（撮影者・佐藤榮記に許可を得て掲載）

彼らの寝室へと繋がる鉄の扉。
私が初めてこのビーバー舎を訪れた時、
二頭いるうちの一頭のビーバーが立ち上がり、
前足で必死に扉を開けようとしていた。
あれから六年後の今年、再びここを訪れ、
もの凄く濃くなったこの模様を見て、
六年間彼らがどのようにして生きて来たのかを知った。
ビーバーの前足なんて、誰もイメージできないだろうが
柔らかく華奢で、まるで人の子どもの手のようなものだ。

動物展示について特に批判が多く寄せられているのは、ゾウである。佐藤は、自らが監督した映画『かわいそうな象を知っていますか』（二〇一八）の中で、関東地方のP動物園で二〇一六年に亡くなったアジアゾウを中心に、動物舎の中にいる動物の生涯をつぶさに報告している。このゾウは、雨水が溜まらないように床が斜めに作られたコンクリートの運動場で六一年もの間、四本脚で踏ん張っていた。ゾウが来園者に背を向けて立っていることが多かったのはその影響と佐藤は見ている（東スポWeb、二〇一七）。死後の解剖では前右脚が関節炎だったことも判明した。このゾウが去って約二年後、特別開放されたゾウの運動場に入った佐藤は、大人の歩幅なら二〇歩で届いてしまうその狭さに

改めて驚いている。また、飼育員用の出入り口に多数打ちつけてある長さ約三センチの鋭い鋲を多数発見して衝撃を受け、ゾウの世話をする飼育員の安全のためとはいえ、痛みや恐怖で動物の行動をコントロールする動物園のあり方に疑問を呈している。亡くなる直前、このゾウは「世界一悲しいゾウ」として海外メディアで取り上げられ、イギリスの動物愛護団体が署名活動を行ったり、アメリカの掲示板サイト reddit でも二〇〇〇件以上のコメントが寄せられるなど、活発な議論が交わされた（荒木、二〇一六）。なお、動物解放団体リブ（二〇一八b）によると、日本には、このゾウのように動物園で単頭飼育されているゾウは二〇一八年現在一三頭いる。アニマルライツセンター（二〇一六b）は「孤独なゾウの環境改善を！」というスレッドを設け、複数の動物園との交渉結果を掲載するとともに、市民にも環境改善のための意見を届けるよう協力を呼びかけている。

近年動物園では、このゾウ舎のような昔ながらの形態展示ばかりではなく、先に述べたように、生態展示やランドスケープイマージョン、行動展示など、環境エンリッチメントに配慮した展示方法が取り入れられつつある。この変化に対する見方は、同じ動物寄りの来園者の中でも、その立ち位置によって違いが見られる。動物愛護や動物福祉の団体からは、展示方法や飼育環境の改善を求めて動物園や設立母体に対して要求が出され、何らかの改善が見られれば「大きな前進」「ひとまず安心」といった肯定的な評価が示されることが多い。しかし、動物権利や動物解放の団体は、改善はその動物個体にとって一時的によい効果を与えるが、経費をかけて環境が改善されることによってその動物園は必要経費を埋め合わせるために同園の運営を継続しなければならず、結果として動物の苦しみは長期化し、新たな犠牲を生むことにもつながることを懸念する（動物解放団体リブ、二〇一九c）。

また、動物権利や動物解放の団体は、生態展示やランドスケープイマージョンのような新タイプの展示が、動物にではなくひとに優しい空間になっている点に注目する。それは、まるで自然にいるような心地よい景観をひとに与えるかもしれないが、大切なのはひとにではなく動物にとって真に意味あるものなのかということだと彼らは考える。例えば、動物解放団体リブのホームページには、様々な動物園の展示方法を写した画像が収載されており、新タイプの展示については次のような特徴があると説明されている。岩などの造形物の造形・吹付け・塗装のクオリティが上がっていること、滝・水場・木や草などは人工物と自然物を組み合わせ、自然そのもののように見せていること、電気ワイヤーは極力気にならないように、ワイヤーも支持体も細く作られ、色も溶け込ませていること、動物園が見せたい動物を来園者に見せることができるように動線が設計されていること、展示場が曲線でデザインされ、高低を組み合わせスリーディー（3D）でデザインされていることにより、園の広さや全体像がわかりづらくなっていることなどである。「この設計だと、常同行動の範囲が広がり、バリエーションが多少増えるので、（動物の行動や展示の実体が）わかりづらくなってくる」と、新タイプの展示の動物にもたらす弊害が指摘されている。さらに、サファリパークにおける観察すべきポイントは「電気柵」と指摘し、「本当のバリアは電気柵です。よく見ると狭い範囲で区切られており、出られないようになっています。電気柵は細いため客には意識されません。収容所はそれをよくわかっています。バリア設置のコツは、その動物の生態を把握することで、最小限のバリアに止める。また、客に意識されないように、背景に溶け込むように、死角に隠し、あるいは自然物に見せかけて設置することです」(動物解放団体リブ、二〇一九b)と解説している。

動物園の持つレクリエーション的機能は、動物に対して負の影響を与えると〔動物目線の来園者〕は考える。動物解放団体リブは、関東地方にあるQ動物園のシンリンオオカミの頭上をジェットコースターが轟音を立てて通り過ぎる様子を動画で映し出し、「聴覚の鋭いオオカミにとって最悪の環境と言えます。収容所(動物園)は、動物を商材として収入を得、生活をしていらっしゃいます。その動物に最低限の配慮くらいはしてもよいのではないでしょうか」と問いかけている。また、東北地方のRサファリパークを取り囲むサーキット場の爆音が鳴り響く環境の中で飼育されるニホンジカやヒグマの様子を音声つきの動画で映し出し、「動物たちにとっては最悪の環境」と指摘している。〔来園者〕が発する大きな笑い声や奇声、動物をあおる動作も、動物にとってストレスになる。同団体は、関東地方のS動物園のチンパンジーを子どもたちが怒らせて遊ぶ様子や、中部地方のT動物園でホエザルをからかう〔来園者〕を飼育員が遠目から笑って見ている様子を(個人のプライバシーを配慮する形で)掲載している。

〔来園者〕が園内で販売される餌を動物に与える「餌やり体験」も未だ多くの動物園で見受けられる。アニマルライツセンター(二〇一七)は、「ときには決められたエサ以外のものが投げ込まれることもあり、また人間が持っていた病気がうつることも考えられる。特に日本の動物園は飼育員が少なく、常に監視している状態ではない。まず衛生的にも健康的にも、危険が大きい。さらに、動物たちは客が餌を投げるのを待つようになり、多くの場合物乞いをする」現状を指摘し、「動物を見下げ、優越感に浸るような行為を子供にさせるべきではないし、動物に物乞いという惨めな行為をさせるべきではない」と述べている。また、動物が「餌やり」をするひとにやたらと寄ってくる様子から、動物に十分な栄養を与えずに空腹状態にしていることが懸念される動物園も少なくなく、観光系ウェブサイトのレビューにも、動物園の動物に餌が足りていないのではないかという〔来園者〕からの声が散見される。

動物同士を競争させる「動物レース」も、動物にストレスを与えるとともに動物の尊厳を失わせる行為である。例えば、中部地方にあるU動物園のミニチュアホースによる競馬を写した写真からは、〔動物園人〕が鞭を持って後ろから追いかけて走らせ、客が盛り上がっている様子が確認できる。「食」も〔来園者〕を惹きつける大きな要素であるのだろう。例えば、関東地方にあるV動物園内にあるレストランでは、ダチョウ肉のバーベキューやダチョウの卵で作った大きな目玉焼きが〔来園者〕に人気である。これについて動物解放団体リブは、「アフリカから連れてきた大型の鳥を不自然な環境で育て、増やし、殺して、食べる。非倫理的で、反自然で、動物の権利も尊厳も貶めています」と述べる。

解説板の持つ教育的機能にも批判的だ。関東地方にあるW動物園の「ふれあい広場」にはニワトリが放し飼いされているが、その場所に「鶏の骨と内臓と食べられるところ」と書かれた大きな解説版が設置されており、ニワトリの解剖図や可食部分が図示されている。また、同園内にある「家畜化ってなに?」と書かれた子ども向けの解説版には、家畜化の定義や用途が記されており、例えば「羽」と書かれた小さな扉を開けると「フワフワな羽は羽毛布団、ダウンジャケットに、かたい羽はバトミントンのシャトルに使われます」というイラストつきの説明が目に入る仕掛けとなっている。動物園内でこうした「家畜化」に関する解説板を製作・展示する園側の意図ははかりかねるが、他にも多くの動物園でこうした解説板を見つけることができる。動物解放団体リブは、この種の解説板は「子どもの頃から動物を利用・搾取・遺体を食べることは当然であるという、考えや感覚を刷り込」むと指摘する。

動物園が行う繁殖にも疑問を呈する。動物解放団体リブのホームページには「日本のトラ工場」というスレッドで、繁殖用トラ舎を写した写真が多数掲載され、「かなり多くのトラが、非常に劣悪な環境に置かれ、繁殖に使われていました。子どもたちもたくさん生まれていました。これから人間を楽しませるために、全国の動物園に分配されます。これが動物園水族館、動物の収容所の役割の一つです」と記されている(動物解放団体リブ、二〇一九d)。ブリーディングローンについても解説され、『有能』な男性や女性は、日本中をたらい回しにされています。繁殖とは、生まれながらの奴隷を産ませること。人間を楽しませる奴隷/商材を作ることです。動物の赤ちゃんが生まれると、動物園水族館はキャンペーンを張り、観客は押し寄せます。ゴールデンウィークや春休みなどの前に、動物の出産が集中するのは偶然ではありません。極めて非倫理的です。この行為を、動物園水族館は『種の保存』と表現します」、「いかに繁殖させるか、ありとあらゆる手を使って、流産や母体の負担などはものともせず、努力します。この行為を、動物園水族館は『研究』と表現します」と語気を荒げる。また、種の保存を目的としていると謳いながら、実際には「多くは（野生に）戻していない」ことや、「決して野生に戻すことができない種を作り出し、家畜化して動物園の利益と存続を永続的なものにするため」の繁殖であることから、「実際に行われているのは、種の保存ではなく『家畜化』」であると指摘している。そして、真に「種の保存」をするなら、予算と人材を野生動物保護に回せばよい、と訴えている（動物解放団体リブ、二〇一七b）。

2　畜産動物たち

次に、肉や乳、卵、皮革、毛や羽など、様々な形でひとに利用される動物、いわゆる「畜産動物」に対するひとの様々な見方を見てみよう。畜産動物は食料、ファッション、家具や寝具、道具など、人間活動のほぼ全域にわたって利用されている。利用される動物も、それぞれの用途に応じて偏る傾向にある。以下ではその中でもわたしたちの日常にとって身近な食行動に関わる畜産動物に焦点を絞ってみたい。

食料としての畜産・酪農製品の生産から消費までの一連の流れのことを、近年では「フードチェーン」と呼ぶ（打越、二〇一六、二五二頁）。フードチェーンには様々な人々が関与している。まず、畜産動物の生産・加工物を作り出す側には、家畜を飼育・繁殖・改良する動物生産の部門、畜産物の加工・利用の部門、畜産の経営・経済に関する部門、それらを研究・開発する学問分野〔公益社団法人日本畜産学会、n.d.〕のひとがいる。また、畜産動物の飼料を生産・加工する部門、畜産動物の健康管理と治療に関与する部門のひとも、間接的には生産者側に含まれるかもしれない。さらに、畜産動物の衛生管理や検査などを行う行政部門も関わってくる。そして、畜産動物の加工物を販売・消費する流通業者や一般消費者がいる。

それぞれの部門のひとがそれぞれに異なる観点から畜産動物を見、動物に直接的・間接的に関わっており、また、同じ部門のひとの中にも様々な観点が存在するだろう。それらを単純な分類に従って論じることは難しく、また事実を歪める危険性もあるのだが、ひとの立ち位置とものの見え方の関連性に関心のある本書では、特に動物に対する立ち位置の違いは重要である。そこで、以下では論点を明確にするために、価値観の違いが際立つ〔生産者〕と〔消費者〕の立ち位置に着目し、さらに、それぞれの立ち位置がより〔一般的〕か〔動物目線〕かという観点で二分し、全体を概観したい。すなわち、〔一般的な生産者〕〔動物目線の生産者〕〔一般的な消費者〕〔動物目線の消費者〕の四つの立場での動物の見え方について順に確認していく。

(1) 一般的な生産者

日本で一般的に流通している畜産動物、すなわち牛、豚、鶏などは「家畜」とも呼ばれる。今日の家畜は数千世代にわたって選抜育種されてきた動物である〔Appleby & Hughes, 1997＝二〇〇九、二二三頁）。例えば、現在の家畜牛の起源は野生の原牛にあり、豚は猪、鶏はインドネシアに住んでいた赤色野鶏を起源とするものとされている。人類は、自分たちにとってより望ましい形質を示すと思われる個体を保持し、あまり望ましくない個体を淘汰することで、人為的な選抜を行ってきた（Siegel & Dunnington, 1990）。一九世紀以降の遺伝学や家畜栄養学、獣医学などの学問の発展、さらに第二次世界大戦後は飼育施設・飼料などの技術革新により、その品種改良のスピードは勢いを増し、「生産性」の高い畜産動物が開発されてきた。

例えば、豚は、猪から豚へと変わりゆく過程で、体型的に大きな変化を遂げた。猪は頭と頸の部分が体全体の約七〇パーセントを占めるほど大きいが、ベーコンやハムなどの肉の部分が多い豚が消費者から好まれるようになり、それに合わせて胴体に肉が大量につくように形質改良され、現在では豚の頭部は約三〇パーセントと小さくなっている（伊藤、二〇〇一、三〇―三二頁）。一九七〇年頃からは次第に脂肪の薄い豚が好まれるようになり、そのためには雑種を利用するのがよい時代に移ってきた（同書、六六頁）。また、卵を産み続けるように改良された産卵鶏は、普通の鳥類が持つ就巣性（巣を作って卵を抱く性質）や卵を孵す能力は持たないと言われている。これは卵を温める暇もなく産み続けるようになったこともあるが、就巣性を除くように選抜されたことが主な理由だとされている（同書、八一頁）。産卵成績のよい品種である単冠白色レグホーン種という鶏は、約六〇グラムの卵を年間三〇〇個産むが、これは自身の体重の約一〇倍量もの卵を生産し、摂取した飼料の約半分を卵に変えていることを意味する（同書、八三頁）。乳用牛のホルスタイン種は、毎日二〇リットルもの乳を生み出すミルク製造機のような動物に改良され、黒毛和牛のような肉用牛については、脂肪交雑（さし）を増やして肉を霜降りにする「霜降り遺伝子」の解明が目下進行中である（同書、二〇〇―二〇五頁）。

家畜動物の生産性を高めるには、栄養による成長コントロールも重要である。肉を生産する家畜（霜降りの入った牛肉を除く）では、成長期にできるだけ上質な飼料を与えて早期の発育を促し、余分な脂肪が蓄積される前に出荷されるように飼育する（同書、四五頁）。例えば、産卵鶏では決して贅肉や余分な体脂肪をつけてはならず、産卵以外に必要とする維持のための栄養素量は必要最小限にして飼料を節約することが目指される（同書、八五頁）。逆に、ブロイラーはわずか五〇日齢で三キログラム以上まで肥育され、出荷されるが、その早い成長を実現するには、栄養学的に効率のよい、しかし高額ではない飼料を十分に与える必要がある（同書、一五二―一五三頁）。飼料は動物種ごとに異なるのはもちろん、同種の中でも成長過程に応じて微妙にその原料や成分、性状を変えて与えられる。例えば豚は、誕生後数時間内に、免疫機能が豊富な母豚の「初乳」が与えられるが、その後は離乳までの間、「代用乳」と呼ばれる、脱脂粉乳などの乳成分を主原料にして水や温湯に溶かしたものが与えられる。その後、わずかな脱脂粉乳に、トウモロコシや小麦の殻粉、大豆粕、魚粉、キナコ、動物性油脂、飼料酵母などを配合した「人工乳」が与えられる。生後二カ月頃からは「子豚育成用配合飼料」という穀類、大豆粕、魚粉、糠類などを原材料とした粉状またはペレット状のものが用いられる。その後、一一〇キログラムほどになるまでの間は「豚仕上げ用飼料」と呼ばれる、余分な体脂肪がつかないように配合割合に工夫がなされたものが与えられる。基本的には、高栄養から低栄養に移行させていくのが、経済的な肥育豚の飼い方（同書、四〇—五三頁）とされている。近年、畜産の分野にもＡＩやＩｏＴを活用する動きがある。株式会社コーンテックは、飼料配合プラントにテクノロジーを導入することで、配合率を独自アルゴリズムで調整するシステムを開発した。同社の代表取締役・吉角裕一朗は、「畜産の豚を一キログラム太らせるために、三〜五キログラムほどのエサが必要になる。エサのコスト高から経営状況の悪化を招き、後継者不足といった深刻な事態にまで発展している」と指摘し、テクノロジー化により「コストのかからない、より効率的な畜産を実現できる」（ウィズニュース、二〇二一）と語っている。

家畜動物の飼養環境、すなわち動物がどのような環境でどのように育てられるかも生産性を大きく左右する。例として、豚は暑さに弱く、暑熱下では飲水量が増えて体内の水分量が増加するので、タンパク質や脂肪の蓄積が妨げられる。このような体の構成成分の変化は屍体の肉質を低下させる（伊藤、二〇〇一、四八—四九頁）ため、豚舎の温度管理は重要である。また、二〇一四年現在、日本の九二パーセントの養鶏場では「ケージ飼い」を行っている（公益社団法人畜産技術協会、二〇一四ａ）。これは、数万羽の産卵鶏を、鶏舎の中に置いた金網製の積み上げ式のケージ（バタリーケージ）に入れて飼う、大量生産に適した方法である（伊藤、二〇〇一、一〇七頁）。ケージの床は約八度傾斜しており、産卵すると卵が前に転がり落ちて人間または機械がそれを回収しやすい作りとなっている。近年は、高病原性鳥インフルエンザ等に対する防疫を目的として、「ウインドウレス鶏舎」と呼ばれる、八段ものケージが垂直に積み重ねられた窓なしの建物が増えている。こういったより大規模な養鶏場では、内部の設備類はどれもコンピュータで制御され、温度や光線の管理、給餌、集卵、排泄物の移動排出など、多くの作業が自動化されている（同書、一〇七頁）。さらに、運動は肉牛の成長ホルモンの分泌を促し、脂肪交雑（さし）を阻害するため、牛を常に安静に保っておく必要がある（同書、一八〇頁）。そのため、日本の二四・四パーセントの酪農場で、肉牛（育成牛）を鎖や綱でつなぎ、運動をさせない「つなぎ飼い」が実施されている（公益社団法人畜産技術協会、二〇一四b）。一方、乳牛をつなぎ飼いする農家の割合は全体の約七割にものぼる（公益社団法人畜産技術協会、二〇一四d）。

生産性を阻害するリスクとなる動物の特性を可能な限り排除することも、最高の生産性を確保するためには欠かせない。例えば、豚は探索行動が極めて活発な動物であるが、豚舎の中には好奇心を満たすものがないため、豚の探索欲求の転嫁行動として仲間のクルッと巻いたしっぽにかじりつくことがある。そうした「尾かじり」による傷口からの細菌感染と肉の損傷を防ぐため、生後二―三日の子豚のしっぽを切断する「断尾」が、日本の農家の八一・五パーセントで実施されている（公益社団法人畜産技術協会、二〇一四c）。また、鶏についても飼育下では他の鶏の尻・肛門・羽毛をつつく行動が起こりやすいため、孵化後すぐから七日齢前後に断嘴器（デビーカー）で上の嘴を深く、下の嘴を浅く切断するのが一般的である（佐藤、二〇〇五、一二頁）。牛は去勢をすることによって性質が穏やかになり、肉質が改善されることから、雄子牛は、未成熟の生後二―三カ月の間に去勢して、第二次性徴が現れないようにする（伊藤、二〇〇一、一七八頁）。さらに、牛同士の突き合い防止と管理者の安全性のため、牛の除角（角の切断）が実施されている。その実施率は、日本の乳牛の八五・五パーセント、肉牛の五九・五パーセントにのぼる（公益社団法人畜産技術協会、二〇一四b、二〇一四d）。

動物の繁殖も、生産者にとって重要な仕事である。例えば、優れた雄牛の形質を持つ子孫を多く生産するためには、繁殖過程を人為的に支配する必要がある。その基本的な手段は人工授精、すなわち雄牛から精液を採取し、希釈して、多数のメスに人の手によって授精させる方法である。精液の採取は、雄牛に擬牝台（雌牛のダミー）を当てがい、人工膣を用いて行う「横取り採取法」が一般的である。牛の精液量は一回の射精で約五ミリリットル、総精子量は六五億個であり、一回の射精で三〇〇頭あまりが授精可能な計算である。排卵前の七―一五時間に雌牛に受精させれば八〇パーセント以上の受胎率が期待できる。二八〇日ほど経つと子牛が生まれる。こうした人工授精技術の発達により、家畜の増殖や改良は飛躍的に進展し、産業的効果は著しく大きいものになった（伊藤、二〇〇一、一九七―一九九頁）。

ところで、農家で生産された動物の肉は、そのままでは家庭の食卓に届かない。それらは出荷され、屠畜、解体、加工されることによって初めて流通ルートに乗り、小売店に陳列されたりインターネット上で販売されたりするのである。このすべての工程に多くの専門家や業者が関与し、検査や取引などを行いながら市場に出回っていくのだが、特に出荷から加工までのプロセスは、衛生および品質管理上の細心の注意が要求される。

肉牛の場合、出荷前の一日あまり絶食させて、消化管内容物を少なくする。屠畜場ではボルトピストルで牛を失神させ、眉間に開いた穴から棒を脊髄にまで差し込み、解体時に筋肉が痙攣するのを防ぐ。両後肢下端の腱（アキレス腱）の部分に沿って切り込みを入れ、そこにフックを懸けて吊るす。頸動脈を切って放血し、頭部を外して取り、皮を剝ぎ、四肢端と尾を除き、内臓を摘出し、電気ノコギリで背割りにして半丸の枝肉にする（同書、一八二頁）。豚の場合は、生体検査を受けた後、二酸化炭素麻酔法または電撃方式（耳のつけ根あたりに約一〇〇ボルトの電気を一〇秒ほど流す）で気絶させ、後肢踵部の腱でフックに懸吊し、心臓付近の大動脈部を刺して放血するのが一般的である。その後は頭部除去、皮剝、四肢の除去、内臓摘出、背割り、半丸に分割、整形、洗浄という工程で処理される。正常な家畜を上記の流れで屠畜処理した場合、その後の日数と保存温度を勘案して熟成を進め、やわらかくて風味のある食肉を作り出す（同書、五六頁）。ブロイラーは集鳥機で掻き集められ、籠に詰め込まれ食鳥処理場に運ばれる。このとき、製品に傷をつけないようにブロイラーの取り扱いには十分の注意が払われる。処理場では一般に、高性能のブロイラー処理加工機によって、生鳥は屠畜、脱羽、中抜き（内臓を取り除く）、冷却、解体などの工程を経て肉塊となる（同書、一五〇頁）。

生きている大型の動物の息の根を止め、解体して皮を剝ぎ、衛生面から問題となる内蔵等を除去して分割していく作業は、労働の安全面や食肉の衛生面、周辺環境の衛生管理の観点からして、素人には全く太刀打ちできない作業である（打越、二〇一六、二七九頁）。例えば、屠畜場では、主に牛と豚を対象として「屠畜検査」が行われるが、これは大変な肉体的作業である。まず、屠畜前に「生体検査」が行われる。これは、牛や豚の外観や歩き方などに異常がないかを確認し、気になった個体にはその場で体温測定や血液検査を行うものである。多数の動物の健康状態を次々と確認しなければならないだけでも大仕事であるが、さらに屠畜後の「解体前検査」や「解体後検査」は、解体の流れ作業の合間をぬって、確実に迅速に行わなければならない。現場は、上からは重量のある牛や豚が吊り下げられ、万が一落下すれば大怪我のリスクがある。足元は血液や体液を洗い流すために水が流れていて滑りやすく、また、各種の刃物や機械がひしめき合う狭く危険な場所でもある。そこを解体作業の妨害にならないように、かつ自分自身も怪我をしないように検査を進めるためには、各種の段取りについて習熟していなければならない。視診や触診で瞬時に健康状態を判断するためには獣医学的な知識と経験も必要になる。こうした人々の日々の努力の元に、消費者は安心して肉を食べることができているのである（同書、二八一―二八三頁）。

このように、生産者は様々な知識と技術を駆使し、非常に長い年月と莫大な経費をかけて、日々畜産動物の繁殖、栄養管理、飼養環境の整備、薬剤投与、品種改良などに取り組んでいる。また、出荷、屠畜、解体、加工の工程を安全に、衛生的で能率的に行うことにも余念がない。こうした一連の活動の原動力になっているのは、もちろん生産者の経済的利益であるのだが、しかしそうしたいわゆる利己的理由だけが、彼らの活動を支えているのではないようだ。

生産者には、「より質のよい食べ物としての動物たちをより効率よく作り出し、人々の生活に寄与する」という、私利私欲を超えたいわば利他的な目標がある。この目標に向けた使命感とそれに基づく情熱が生まれたのは、日本においては特に二度の世界大戦後の動物性タンパク質が不足していた時代にさかのぼる。戦後の栄養不足、特にタンパク源の不足の中で牛乳をはじめとする畜産物に対する大きな需要があり、牛乳をたくさん生産する牛を作り出すことが国家的なプロジェクトとなった。家畜の改良を飛躍的に加速することができるという希望に満ちあふれていた時代である。そして、そのもくろみは見事に当たった（前多・東村、二〇〇九、二二八頁）。

〔一般的な生産者〕の希望を叶えてくれる動物は、彼らにとって「感謝」の対象であり、ひとのために健気に働く動物、「肉だけのためにこの世に生を亨け、私たちを楽しませてくれている」動物には「敬意」を抱かないではいられない。人間の高い要求に呼応して様々な環境に見事に順応し、高い「性能」を発揮する畜産動物は、「感心してしまうほど傑作の生き物」と生産者に言わしめる存在なのである（伊藤、二〇〇一、八四頁）。

（2）動物目線の生産者

畜産動物の「性能」の高さに感心し、その「成績」向上の可能性にかけて尽力する生産者がいる一方、人工的で集約的な飼育環境に疑問を抱き、そうした不自然な環境下で動物が受けるストレスを可能な限り排除したいと考える生産者もいる。この後者の生産者は、動物の身体的・精神的苦痛の軽減に配慮し、本来の自然との調和や持続可能性を考慮した飼育方法の大切さを主張する。こうした〔動物目線の生産者〕は多くの場合、工場型集約畜産を否定し、畜産動物の行動の自由を高めることや地球環境保全に取り組むべく、放牧型畜産・酪農を実践している。

このような農家が目指すのは、家畜のアニマルウエルフェア（家畜福祉）、すなわち家畜が最終的な死を迎えるまでの飼育過程において、ストレスから自由で、行動要求が満たされた健康的な生活ができる状態である（松木、二〇一六、ii頁）。現在日本においては、欧米の畜産先進国から導入された工場型畜産が大多数であり、上記のように家畜福祉に配慮した畜産農家はごく少数派だ。しかしながら、日本の先進的なアニマルウエルフェア畜産の実践農場が、欧米のような社会的バックアップが少ない中で、独力で発展を続けていることも事実である。最近では、市場外流通としてアニマルウエルフェア・フードチェーンも開発され、食品流通業者、外食産業、消費者との連携システムにおいて新たな商品価値が実現されている（同書、vii—viii頁、松木、二〇一八）。

北海道旭川市に、六・二ヘクタールの土地に七頭の乳牛を飼う牧場「クリーマリー農夢」がある。この牧場の基本理念は、「ストレスのない環境の中で家族のように可愛がって育つ牛たちからこそ、人間にとって安全で健康的な乳製品が生まれる」というものである。一年中放牧し、牛たちは好きなときに牛舎に出入りできる。手作りのフリーストール牛舎には敷料がふんだんに入り、舎内はいつも清潔に保たれている。搾乳は、専用のパーラーで一頭ずつ行い、温水シャワーを使って乳房や乳頭を洗浄し、仕上げに消毒した布巾で拭く。年間を通して生菌数が一ミリリットル当たり一〇〇個と、乳質もよい（滝川、二〇一六a、一—二頁）。

「農畜産物を工場製品と同じように大量生産すれば、生産コストを下げる事はできるでしょう。でも、『生き物を機械と同じように扱っていいのかな？』と思うのです」と、牧場主の佐竹秀樹は述べる（同書、二頁）。例えば、工場型畜産では、一生牛舎につながれたまま年に一度はお産を強制され、乳量を増やすために高タンパクの飼料を与えられ、現状の採算ベースから外れればすぐに廃用牛として屠殺される。「私たちは、そのようなストレスの多い産業動物から生まれる食べ物と、ストレスの少ない可愛がられた家畜から生まれる食べ物とは違うと考えています」(同書、二頁)。二〇一八年、同牧場は一般社団法人アニマルウエルフェア畜産協会から牧場と乳製品製造施設の二部門でアニマルウエルフェア畜産認証を取得した。

一年中つなぎ飼いなどをして動物を動かさず、人間が牧草や配合飼料を調整して動物の目の前に提供し、動物の糞尿処理もすべて人間側が対応する。このような畜産方式は「介護畜産」や「介護酪農」と呼ばれ、動物の自由を奪い精神的なストレスを蓄積させるだけでなく、労働者である人間にも大きな肉体的負担となることが、生産者から指摘されてきた(打越、二〇一六、二六五頁)。北海道十勝しんむら牧場の牧場主、新村浩隆は先代が行っていた「介護酪農」をやめ、二〇〇〇年に牧場を法人化して放牧酪農を営んでいる。五〇万円ほどの予算で資材を買い、牧柵を張って牛を離したところ、牛たちはよく草を食べ、乳も出た。牛を拘束するのは搾乳時だけになり、牛たちの自由度も向上した(滝川、二〇一六b、一七—一八頁)。

動物たちが健康であることが、家畜福祉の実践において重要な指標となる。山口県山口市の秋川牧園では、若鶏の無投薬飼育に取り組んでいる。近年では有効なワクチンの開発や飼育日数の短縮化により、一般の農家でも無投薬飼育の鶏肉は見られるようになったが、一九七二年の創業当時は難易度の高いテーマであった。抗生物質や抗菌剤を使用せず若鶏を飼育するためには、若鶏自身の健康レベルを高めなければならない。鶏にとってストレスが少なく、飼育スペース、温度、空気など、快適な環境を鶏のために作っていくこと、すなわちアニマルウエルフェアの実践が求められる。秋川牧園では様々な改善を積み重ね、一九九〇年頃には技術として概ね確立することができた。現在も同園では、鶏の健康指標の一つである育成率（雛一〇〇羽中何羽を出荷できたかを示す比率）は、業界よりも高い水準にある（秋川、二〇一六、七四頁）。また、山梨県西部韮崎市の養豚農家、ぶぅふぅうぅ農園では、人工乳を断つことによる抗生物質の無投薬、生後一〇日目から出荷までの完全放牧、エコフィード活用による国産飼料率八〇パーセントを実践している。切歯や断尾は行っておらず、予防のための注射もしていない。成長するにつれ行動範囲は広がり、三〇日頃になれば一〇〇メートルくらい離れたところまで集団で闊歩する。事故がない限り子豚はすべて戻ってくるという（中嶋、二〇一六、六八頁）。

飼料内容も、家畜の健康に大きく影響する要素の一つである。山口県瀬戸内海・祝島の養豚場、氏本農園は、「家畜の飼料消化機能を限界まで追い込んで健康を脅かしながら経営効率を追求する手法こそ家畜福祉の対極的発想」（氏本、二〇一六、八七頁）と考え、完全無畜舎、常時通年放牧で、有機農業一貫飼育を実施する。出荷する肉豚は、山野草、芋蔓、米ぬか、豆腐おからなど副産物と島民の残飯類だけで育つ。残飯類は米ぬかやおからと混合して発酵させてから豚に与える。配合飼料は全く給与されないため、発育速度は通常養豚に比べて遅い。出荷月齢は一二カ月齢を超えるが、そのためもあって内臓廃棄はこれまで一頭も発生していない（二〇一六年当時）。豚には体臭が全くなく、排泄糞は完全な固形で臭いも少ないことから、胃腸が正常に機能して過剰な栄養生理的ストレスにさらされていないことがわかる（同書、八五―八六頁）。

また、北海道二海郡にある北里大学獣医学部附属フィールドサイエンスセンター八雲牧場は、「現行の穀物多給の畜産方式から脱却を図り、未利用資源を最大限に活用した畜産方式を確立し、その最先端を目指すべき」（小笠原、二〇一六、二五頁）との理念を掲げ、自給飼料一〇〇パーセントによる牛肉生産方式を取っている。出生後、子牛は六カ月間、母牛と一緒で、哺乳期は自然哺乳で生乳を飲みたいだけ飲むことができ、放牧草またはグラスサイレージでも飼養される。離乳後も放牧と自給飼料一〇〇パーセントで飼養され、月齢三〇カ月または生体重六六〇キログラム以上を目安に取引先へ出荷する（同書、二七頁）。山梨県甲斐市の山麓、標高一一〇〇メートルに位置する黒富士農場は、ケージ飼育から放牧、有機養鶏への転換を果たし、現在では自然放牧養鶏と近隣果樹農家との連携による資源循環型経営システムを採用する農家である。放牧地にはクローバーを播種し、雑草とともに鶏に自由採食させている。濃厚飼料には海藻、ニンニク、パプリカ、貝化石などをブレンドした独自開発飼料を与えており、飲み水には自然湧水にBM技術で製造した活性水BMW（B：バクテリア、M：ミネラル、W：ウォーター）を与えている。有機畜産への取り組み等が評価され、日本農業賞大賞、内閣総理大臣賞等を受賞している（向山、二〇一六、五七―五八頁）。

家畜動物に名前をつけて飼育する農家も少なくない。クリーマリー農夢の佐竹もその一人である。「さくら、いい子だぞ、ごはんだよ」などと放牧地の牛たちに声をかけると、牛たちは名前を覚えていて佐竹のほうを見るという（滝川、二〇一六a、二頁）。しかし、愛情を込めて動物を育てても、最後は屠畜場に送るときがやってくる。佐竹は、牛は家族の一員だが、酪農はあくまで産業であり、全く乳が出なくなったら廃用にするという。妻の直子さんは、愛牛「なな」を出舎させたときの悲しみと感謝の思いを、牧場ホームページにつづった（同書、六頁）。映画『そらのレストラン』のモデルとなった北海道せたな町「やまの会」でも、一頭ずつの牛に名前をつけ、屠畜後も「この子が肉になりました」とネットで告知し、レストランにも伝える（滝川、二〇一六b、一二頁）。「今の世の中は、食べることと動物を飼うことが切り離されている。殺すために飼うのを見ないようにしているのは、おかしいんじゃないかな」と、北海道せたな町の放牧養豚場ファームブレッスドウィンド代表の福永拡史は述べる（同書、一三頁）。

アニマルウエルフェアに配慮した畜産は、このように生産段階に従事する人々だけではなく、流通業、食品加工業、レストランなどの飲食業に従事する人々、さらに最終消費者である多様な人々が価値観を共有し、互いにつながり合うことを通して成立する。日本は、欧米諸国に比べ、生産、流通、消費の分野において家畜福祉に関心が低く（矢崎、二〇一八、一二頁）、むしろ厄介なことと考える風潮がある（倉嶋、二〇一八、三三頁）。しかし、その日本でも最近、アニマルウエルフェアを重視するライフスタイルを目指し、生産活動と生活活動を結びつける新たな市場社会的ネットワーク（松木、二〇一八、i頁）が築かれつつあり、日本型のアニマルウエルフェア・フードチェーンの開発が進展している。現在、アニマルウエルフェア食品を扱う流通企業と消費者団体には、例えば、生活クラブ生活協同組合連合会、パルシステム生活協同組合連合会、東都生活協同組合、大地を守る会、らでぃっしゆぼーや、イオンリテール、レストランエルパソ、有難豚（ありがとん）チェーンなどがある。

一九九〇年に設立されたパルシステム生活協同組合連合会の目指す「産直」は、単に安全・安心な食べ物を調達する手段ではなく、「つくる人」と「たべる人」の双方が健康で安心な暮らしを実現するため、理解し合い、利益もリスクもわかり合える関係を築くことである（高橋、二〇一八、一三頁）。パルシステムは、一九九九年に「公開確認会」という農畜産物の消費者が生産方法や安全性への取り組みを直接確認する独自の仕組みを作った。「公開確認会」に参加する組合員には、事前に同会が主催する「監査人講習会」の受講が義務づけられており、「確認する目」のレベルアップを図っている。放牧期間を設けて牛をのびのび育てる飼育形態や自給飼料の取り組みを学んだ消費者からは、「これだけのこだわりと苦労によって育てた牛肉をこの金額で購入できていることが有り難い」「愛情を持って一頭一頭を育てていることがわかった」「消費者として応援し続ける」との感想が聞かれ、生産者からは「買い支える仕組みは生産者にとって励みになる」「飼料情勢など生産を取り巻く環境は厳しくなるが、取り組みを継続していきたい」との声があがっている（同書、一五—一六頁）。

東都生活協同組合は、北海道の実績ある農場の家畜の購入費用と管理費用を負担して二〇〇九年に有機鶏卵の生産を開始し、商品化している。二〇一五年には同じく北海道でオーガニック牛乳の取り扱いを始めている。また、同組合は「食の未来づくり」運動を提唱し、生産者・メーカーと消費者が集い、学び交流する「交流・訪問二万人運動」を方針化してきた。生産現場を確かめ、生産者の思いや考えを知ることが、生産と消費を持続させる基本である（風間、二〇一八、一八—一九頁）。講習会やオンライン訪問会を開催するなど、コロナ禍にあっても活動を活発に継続している。

（3）一般的な消費者

農林水産省の食料需給表によると、二〇一九年度の日本人一人当たりの一年間の食肉消費量は三三・五キログラムとなり、過去最高を更新した。この数値は過去六〇年以来、右肩上がりを続けている。

日本は、東アジアの中でも肉への食欲を比較的短期間に確立させた最初の国と言われる（Zaraska, 2016＝二〇一七、二五四頁）。六七五（天武四）年、天武天皇が布告した最初の肉食禁止令では、ウシ、ウマ、イヌ、サル、ニワトリの食用が禁じられた。その後、殺生を禁じる仏教とケガレを忌避する神道の観念とが結びつき、長い間日本人は肉食を避けるようになる（石毛、二〇〇九、一七頁）。しかし、一二世紀初頭までにこうした禁止令は動物名が明らかなものだけでも一一回も発令されており、被支配者層の中に肉食は堅固に定着していたことがうかがえる（花園、二〇一三、九二頁）。実際、獣肉や犬肉等を食べて肉への渇望を満たしていたことが多くの史実から明らかになっている。その一方で、人口が増加し、水耕稲作や畑作のための開墾により森林が耕地へと変わるにつれ、ひとの生活圏から肉食の対象となるシカやイノシシが遠ざかり、日本人の食卓から肉が姿を消すようにもなっていった（同書、九二頁、Zaraska, 2016＝二〇一七、二五四―二五五頁）。江戸幕府の第五代将軍である徳川綱吉により「生類憐れみの令」が出され、イヌを食べた者を極刑に処するなど肉食禁止の風潮が高まったが、一七〇九年、綱吉の死去とともに同令は廃止されている。

一八世紀は、肉を食べることは健康によいという考え方や、肉食は進歩の証であり、封建的で階級制の社会からの決別の象徴であるという見方が、オランダを通じてゆるやかに日本人に浸透するようになった時代である。さらに、一八七二年、明治天皇が公の場で肉を食べ、自身の例に倣って肉を食べる許可を国民に与えると、日本から思想的な肉食忌避が完全に消滅した。明治政府は肉食の導入を政策的に進め、わずか五年間で東京における牛肉の消費量は一三倍以上に跳ね上がり、豚肉は牛肉の代替的な位置づけで消費を拡大していった（花園、二〇一三、九四頁、Zaraska, 2016＝二〇一七、二五五頁）。

第二次世界大戦後、食料事情が悪化した日本では、アメリカ陸軍の配給食であったランチョンミートが配給されたり、一九五二年から有償給食を開始して子どもに肉食が提供されたり、徐々に肉食が国民に広がり始めた。とはいえ、現在の肉消費に比べれば、当時の日本人の肉食は極めて控えめであった。タンパク源は植物が中心で、一九五〇年の日本人の一日の食事の九三パーセントが植物、魚介類は四パーセント、乳製品と卵と肉はそれぞれ一パーセントにすぎなかった。一九六〇年以降、変化の風が吹き始めた。食肉、油脂、牛乳・乳製品の消費が著しく増え始め、一九七〇年代半ばにはほぼ安定期に入り、一九八〇年には動物性タンパク質の摂取量が植物性タンパク質摂取量を上回るまでに変化したのである。こうした劇的な変化の背景には様々な要因があるが、その一つが「食生活近代化論」を根拠として国が展開した栄養改善普及運動がある。一九五六年には大型バスを改良して車内で調理ができる「キッチンカー」が活動を始め、野外で開催された「栄養改善」のための料理講習会で、油と乳製品と小麦粉をたっぷり使う洋食と中華料理が実演されたのである（幕内、二〇一一、一三二―一三三頁）。家庭の料理を担う主婦層をターゲットに行われたこれらの活動が、国民の動物性タンパク質摂取量の向上に貢献したことは想像に難くない。

このように、日本ではここ五〇―六〇年のうちに急速に食生活が欧米化された。肉食は一般大衆に広がり、今では日本人の中に深く浸透している。二〇二一年、株式会社フレンバシーが二四一三人を対象に行った調査によると、ベジタリアンやヴィーガンの割合は日本人の五・一パーセントであり、国民の九五パーセント弱が肉食である。一方で、週一回以上、意識的に動物性食品を減らす食生活を送る「ゆるベジ」が、六人に一人の割合（一五・八パーセント）で存在している点も見逃せない（フレンバシー、二〇二一）。

日本人のマジョリティと言える肉消費者が家畜動物のことをどう見ているかを知る最も手軽な方法は、町に出て外食産業の看板を見ることだ。牛がフォークとナイフを持ち、今まさに肉を食べようとしているステーキ屋の看板、満面の笑みを浮かべた丸々と太った豚が描かれているトンカツ屋の看板を目にすることがよくある。それらは外食産業側が作成した看板なので、正確には〔一般的な消費者〕の動物の見方というよりも生産者・供給者側のそれだと言える。しかし、売り上げを伸ばすためには、外食産業は消費者の望むイメージを反映した看板を作るであろうと考えると、看板に描かれた動物の楽しげな様子は、〔一般的な消費者〕が畜産動物に対して「こうあってほしい」と考えるイメージ、すなわち、ひとに食べられることを健気に受け入れる従順な動物を暗示しているのかもしれない。消費者の望む畜産動物のイメージはこれにとどまらない。動物には、彼らの肉がより新鮮で味わい深く、安心して食べられるものであることが期待されている。焼き鳥屋にぶら下がる「つぶしたて」と書かれた赤提灯、ネット通販におどる「産地直送」「柔らかジューシー」「安全・安心のお肉」の文字が、そのことを物語っている。

〔一般的な消費者〕が動物の肉に魅せられる第一の理由は、そのおいしさであろう。焼肉店やステーキレストランの前にただよう芳醇な香り、舌の上に広がる肉独特の旨味。ひとが肉の味と捉えているものは実際には肉の芳香であり、アミノ化合物と還元糖を加熱したときなどに見られる褐色物質〈メラノイジン〉を生成する反応である。この反応を発見した医師、ルイ＝カミーユ・メヤール〈英語読みでメイラード〉にちなんで名づけられた「メイラード反応」は、肉の快い風味や香りを生み出す。こんにち、メイラード反応は発がん性が疑われるアクリルアミドや、糖尿病や心血管疾患、腎臓疾患と関連づけられる物質を発生させる可能性が指摘されているが、冷蔵技術がなかった古い時代には、加熱処理することによって得られるこの芳しい香りを頼りに、ひとは肉という「安全な食べ物」へと導かれていたかもしれない。脂肪もまた、肉のおいしさの鍵を握る。脂肪は筋肉よりも歯触りが柔らかいため、脂肪によって肉は柔らかくなり、ジューシーになる。肉を噛むと脂肪が流れ出し、その刺激で唾液が出て「口の中でとろける」感覚が生まれるのだ（Zaraska, 2016＝二〇一七、一一六―一一七頁）。脂肪はエネルギー密度が高いため、人類が生き延びるためには脂肪の多い食べ物を手に入れることが強く求められたであろう。

肉食の人気を支える第二の理由は、健康への影響である。肉食が健康によいとする情報は、テレビやインターネット、書籍、研究論文に数多く見受けられる。例えば、肉や卵、乳製品には必須アミノ酸の他、健康に欠かせない様々な栄養素が含まれていること、動物性タンパク質は筋肉や血を作り、骨を作るメカニズムを促進し、ホルモンのバランスを整える役割があること、血管をしなやかにして脳血管障害を防いだり免疫機能を高めて感染しにくい体を作ったりする優れた作用を有することから、日本が長寿国になった要因は動物性タンパク質の摂取量の増加にあるとする言説を目にすることは少なくない。その情報源の多くは、精肉や加工肉の生産者や製造業（焼肉の調味料等）が、ホームページ上に「お肉の効能」等と称するコーナーを設けて上記のような情報を提供するものだが、第三者的立場の団体から情報が発信されることもある。例えば、公益財団法人長寿科学振興財団が運営する健康長寿ネット（二〇一九）では、一〇〇歳以上の高齢者は平均的な日本人に比べて総エネルギー量に占めるタンパク質の割合が高く、さらに、総タンパク質に占める動物性タンパク質の割合が高いとする研究結果（Shibata et al., 1992: 165–175）に基づいて、「長生きしている高齢者は、肉や魚などの動物性タンパク質をたくさん食べている」と指摘している。また、「肉を食べることのメリット」としては、「大豆や魚と比べて同じ哺乳類である家畜のほうが生物学的にヒトと近」く、「タンパク質を構成するアミノ酸の組成が似ているために、畜肉に含まれるタンパク質が、ヒトの体の中で最も効果的にタンパク質に再合成されると考えられている」。特に、「たくさんの量を食べることのできない高齢者は、効率よくタンパク質の摂取量を増やすために、肉をしっかり食べたほうがよい」とも指摘する。

さらに、〔一般的な消費者〕が肉食を選ぶのは、おいしさや健康上の理由だけからではない。その安さと手軽さも大きな魅力の一つだ。街中に存在するファストフード店で数百円払えば、牛丼やハンバーガーなどを簡単に食べることができる。実際、日本のレストランや食堂では、肉が含まれていない料理を探すことはかなり難しいだろう。また、肉に対する強い肯定的な感情は、社会への帰属感とも関係がある。野外でのバーベキュー、クリスマスディナーでのグリルドチキンに代表されるように、肉を囲んで過ごす仲間との楽しい時間や一体感、肉を使った料理で自分を育ててくれた家族への感謝の念など、肉食には周囲の人々とのつながりを想起させるものがある。さらに、動物を食べることで力がみなぎり、回復力がつき、たくましくなるという男性的なイメージや、そこから派生するセックスと肉食とのつながり、富と権力の象徴としての肉食は、西洋社会には古くから存在したが（Zaraska, 2016＝二〇一七、一五六―一八〇頁）、日本にも「肉食系」という言葉がほぼそうした意味（男性的、性的、権威的）で用いられていることから、肉の持つイメージは日本にも浸透していると考えられる。

一方、近年になって肉食を手放しで喜んではいられない状況が生まれ、それが人々の消費行動に影響を与えつつある。例えば、肉食が健康によいか悪いかという話題は、現在〔一般的な消費者〕の間で活発に繰り広げられているトピックだ。二〇一三年、医学博士の柴田博による『肉を食べる人は長生きする』と、食養を唱える若杉友子による『長生きしたけりゃ肉は食べるな』が同じ月に出版されたのを発端に、この「肉論争」は激しさを増している。インターネットで「肉食」を検索すれば、それぞれの立場を支持する情報があっという間に収集できる。

肉食が健康によくないことを示す研究結果は、国内外で多数報告されている。赤身の肉や加工した鶏肉を多く摂取した場合、糖尿病のリスクが男性では四三パーセント、女性では三〇パーセント高くなる恐れがある。加工肉と赤身肉を多く摂取するひとは大腸がんにかかるリスクが二〇―三〇パーセント高くなる。一二万人以上を追跡した広く引用されている研究では、赤身肉の摂取量が多いことと、心血管疾患とがんによる死亡リスクの上昇に関連性が認められ、「すべての研究対象者の赤身の肉の一日当たりの摂取量が〇・五人前分（約四二グラム）以下であれば、追跡研究の終了時に、死亡者のうち男性では九・三パーセント、女性では七・六パーセントが生存していただろう」と推定している（同書、九頁）。国立研究開発法人国立がん研究センター（二〇二一）のホームページには、食物とガンとの関連性の強さが一覧表示されており、赤身肉と加工肉は大腸がんの発生リスクを上げることが「確実」の食物として、加工肉は胃がん（噴門部以外）の発生リスクを上げる「可能性大」の食物として、それぞれ紹介されている。カリフォルニア大学ロサンゼルス校准教授の津川（二〇一八）は、数多くの信頼できる研究結果をもとに健康によいかどうかで食品を五つのグループに分類し、「本当に健康に悪い（脳卒中、心筋梗塞、がんなどのリスクを上げる）」と考えられているグループには牛肉や豚肉の赤身肉と加工肉を含めている。日本で、菜食主義を〝健康法〟として取り入れるひとが近年増えているのは、以上のような科学的データの裏づけによるところが大きいだろう。

こうした肉食を避けるライフスタイルを後押しするのは、近年急速に発達してきた食品加工技術の進歩である。大豆、エンドウ豆など植物性タンパク質を原料とし、味、香り、食感などを本物そっくりにした人工肉が世界に急速に広がりつつある。米国で人工肉がブームになっているのは、肥満問題が大きいと言われている。二〇一五―二〇一六年の調査では、巨大なステーキやハンバーガーの食べすぎなどで、米国の成人の三九・六パーセントが肥満に分類されている。これは、一九九九―二〇〇〇年に比べ九・一ポイントの上昇である。肥満は高血圧、心血管疾患、糖尿病などの原因になるため、肉の代わりに人工肉を消費して、こうした健康被害を減らすことが目指されているのである。

近年、肉食者にとってあまり喜ばしくない別のニュースも世間を賑わせている。動物性タンパク質が、ひとの健康を損なうばかりか地球を痛めてもいるとする国際機関や研究所からの数々の報告である。例えば、食料生産は温室効果ガス、水や作物の利用、肥料から出るリンや窒素、生物多様性などについて様々な副作用をもたらす。動物性タンパク質から一カロリーを生産すると、植物から一カロリーを生産する場合より、二酸化炭素の排出量が一一倍も多くなる。畜産業に起因する排出ガス（二酸化炭素やメタンガスなど）は、すべての地球温暖化ガスの原因のうち交通機関（車や飛行機など）から排出されるガス総量を抜いて最大であり、その割合は二二パーセントを占める。地球温暖化によって最終的には海面が五―七メートルも上昇し、二一世紀末にはニューヨークや上海などの都市が冠水するとされている。

二〇一九年一月一六日付の英医学雑誌『The Lancet』には、野菜を多くとり、肉、乳製品、砂糖を控えるように提案する論文が掲載された（The Lancet commission, 2019）。これは、栄養や食に関する政策を研究する世界の科学者三〇人で構成されるランセット委員会が三年にわたって協議し、二〇五〇年に一〇〇億人に達すると見られる世界の人々の食を支えるために、各国政府が採用できる案をまとめたものである。ランセット委員会は、「肉を半分に減らさないと地球に『破壊的被害』が生じる」と、大胆な食の改革を提言する。しかし、肉を減らすべきだとする提案は特に目新しいものではない。二〇一八年一〇月にも、学術誌『Nature』に、肉と砂糖の消費削減を提案する同様のガイドラインが発表された（Kim et al., 2018）。国連食糧農業機関（FAO）もまた、『家畜による環境への影響――環境問題と選択肢』という報告書（二〇〇六）の中で「許容範囲を上回りながら悪化し続ける損害を阻止するには、畜産業による環境への負担を半減しなければならない」と警告している。さらに、二〇一九年に国連の気候変動に関する政府間パネル（IPCC）は、気候変動対策には「食品ロスを減らすこと」と「肉食を減らすこと」が鍵となるという報告書をまとめた。この報告書は、五二カ国の科学者一〇七人が、これまで発表された七〇〇〇件以上の研究を分析し、気候変動と土地利用に関する視点からまとめたものである。二〇二一年、チャタムハウス（イギリス王立国際問題研究所）は、国連開発計画（UNDP）の支援を受け、『フードシステムが生物多様性の喪失に与える影響』と題する報告書を出版した。この報告書には、より持続可能な食糧システムの改革には、①植物に基づく食生活により集中すること、②より多くの土地を開発や搾取から保護すること、③より自然に優しく生物多様性を支援する方法で農業を行うこと、の三つのレバー（取っ手）がすべて必要であると、危機感を持って述べられている（Chatham House, 2021）。

肉食者にとってさらに厄介なのは、思いやりの対象を健康や地球だけでなく動物の生活や尊厳ある死、動物の生きる権利にまで広げる風潮が高まっていることである。二〇一六年以降、日本全国で展開されている「肉フェス」の会場にも、動物の権利を主張する個人や団体が参集し、肉食を見直すように訴えるパネル展示やスピーチを行っている。また、二〇一九年六月にNPO法人アニマルライツセンターが主催した「動物はあなたのごはんじゃない」という肉食に反対するデモ行進は、賛成派反対派を巻き込み、大きな話題になった。

とはいえ、多くの肉食者にとって肉食は、物心ついた頃から続けてきた生活習慣の一つであり、その食べ物が「動物」であったということを意識すること自体が難しいのだろう。肉食がなぜ反対されるのか、動物を食べることがなぜ悪いのかがわからず、単に肉食に反対するひとも世の中にはいるのだな、という印象を抱くにすぎない出来事なのかもしれない。しかし、肉食者の中にはこうした世の中の動きに対して敏感に反応し、ひとが動物の肉を食べることの意味を改めて考え、肉食を肯定しようとするひとも少なからず存在する。例えば、「ひとは雑食動物である、という事実を大前提として考えると、『動物はごはんじゃない』『ひとに食べられる動物はかわいそうだ』という考えが発生するのはとても奇妙な感じがする。だって、ひとが動物の肉を食べるのは当たり前なのだから」と書かれたブログや、「そうだ、動物は（ご飯ではなく）おかずだ！」「野菜だってごはんじゃない！」と揶揄するツイート、「そう考えるのは自由だが、他人に意見を押しつけるな」という意見も多数見られる。中には、アニマルライツセンターが使用しているツイッターのハッシュタグ「#動物はごはんじゃない」を肉食者たちが逆使用し、「家畜は食われてなんぼ」などというコメントと焼き肉やフライドチキンなどの写真を投稿して反撃するひとや、「動物はごはんじゃないデモ行進」へのカウンター運動として「動物はおかずだデモ行進」を敢行し、肉を食べながら「動物はごはんじゃないデモ行進」と同時刻・同ルートで道を歩き続けた一群も存在した。「動物はおかずだデモ行進」の「呼びかけ人」は、自らのブログで「肉を食うこと、そして肉を生産することは、人間の尊厳そのものである。そのことを彼ら、そして社会に知らしめようではないか。（中略）このデモはヴィーガンへの憎悪であってはならない。憎むべきは、ヴィーガンという生き方を選んだ人間ではない。他者の権利や自由を踏みにじる行為である」と述べている。

動物をどのように育てようと殺そうと、すべてはひとの自由であり、それ自体全く問題ないと考えるひとは、肉を食べることについて何ら認知的不協和を感じないだろう。彼らは、肉食反対者の主張には理解を示さず、単に、自分たちが肉を食べる行為を脅かされることへの警戒心を抱くにすぎない。しかし、そういう人々とは違って、自分たちが食す動物たちが少しでも残酷な行為なしに生産されたものであるほうがよいと考える肉食者は、不快な気分を避け、かつ食習慣を維持できるようにするために、心理学者が「不協和低減戦略」と呼ぶ対策を自ら講じる必要がある。それらの対策とは、例えば、動物はあまり賢くなく、苦痛を感じることができないと思い込む「犠牲者軽視戦略」や、ひとが肉を食べることを正当化する「罪悪感軽減戦略」が挙げられる。「動物はおかずだデモ行進」に賛同する人びとのツイートには「家畜は食べられてなんぼのもの」といった書き込みが繰り返し登場したが、これは家畜動物の存在価値はその肉をひとが食べることによって全うされるという考え方に基づき食べることを正当化する「罪悪感軽減戦略」とも考えられる。他にも、肉食主義者が自身の立場を正当化する理由はたくさん存在する。ひとが肉食をしなくなったら畜産業や屠畜場労働者の失業を招くかもしれない、食事に関する無理な調整を伴う、家畜動物は野生動物よりも楽に生活できている、家畜動物はひとの目的に向けて繁殖されることなしにはそもそも存在しないであろうから、ひとはその動物たちを資源として扱ってもよい、ひとによる動物利用は「伝統」もしくは「自然」なことなので道徳的に許される、動物を搾取しなければ今日のような社会は築かれなかったのでひとの動物利用は道徳的に許される、ヒトラーは菜食主義者だった、動物の権利論は宗教的な思想である、そもそも権利の概念はひとが発明したものであるから動物には適用できない、虫は権利を持つのか、植物はどうか、植物の命を奪ってもよいのか、もの扱いされない基本権を動物に認めるべきか否かは意見の問題であり、意見を他人に押しつけることは道徳的に許されない、人々が肉食をやめることなど非現実的なことをどうしたら期待できるというのか、等々。

興味深いのは、認知的不協和を軽減する方策に男女差が見られる点である。マルタ・ザラスカによれば、男性が「不協和低減」のテクニックを用いて動物を軽視する傾向が強いのに対し、女性は動物のことを思い浮かべず、命のある生き物と皿の上の食べ物とを分離することを好む場合が多いという（Zaraska, 2016＝二〇一七、二二〇頁）。科学者はこの分離による対処方法を「解離」と呼ぶ。ネーミングという「言い換え」を活用して「解離」を行い、肉を食べる習慣を継続しやすくするのはその一例である。例えば、死んだ牛に「ビーフ」、死んだ豚に「ポーク」という名前を与えれば、ひとは、それらの動物が食卓に乗せられるために殺されたという生々しい現実を比較的容易に忘れることができる。日本では、馬の肉を「さくら」、鹿の肉を「もみじ」、猪の肉を「ぼたん」と言い換える、より巧妙な解離のテクニックを用いる（同書、二二〇頁）。また、動物たちは一般市民の目に届かないところで屠殺され、切り身のパック詰めとなってスーパーに陳列される。そのような加工された姿形からは、それが少し前までは感覚や感情を持つ生身の動物だったことを想像しにくく、その動物を気にかける度合いは低くなるだろう。これも「解離」の一つである。さらに、この説の冒頭に述べた、料理店の看板に描き出される動物たちの姿も、イメージ操作という形での「解離」戦略と言えるだろう。

このような動物の命に対する意識の低さに対して警告を発する消費者も少なくない。肉食者のブログには、「自分は菜食主義者ではないし、肉も魚も食べるが、生き物の命への敬意というのは忘れてはいけない」「すべての動物はひとに食べられるために生まれてきたという傲慢な考え方だけは持たないほうがよい」などの意見も散見される。野生動物の研究を行う高槻成紀は、『動物を守りたい君へ』の中で、「食べる行いが他の命ある存在をいただくという感覚から離れることは、おそろしいことだと思います」（高槻、二〇一三、六五頁）と指摘する。そして、「私たちが動物の肉を食べ、植物の葉や茎や実を食べることは、時代が変わっても、違う社会に生きていても、さらにいえば宇宙船に乗っても全く変わることはありません。たいせつなことは、ときどきでもいいからそのことを思い起こすことです。（中略）自分の命がほかの動植物によって支えられているということを忘れないようにすることはとても大事なことだと思います」（七三頁）と述べている。

「肉食をする権利と自由」は、肉食を疑問視する社会風潮に抵抗する重要なポイントである。「動物はおかずだデモ行進」の「呼びかけ人」が述べたように、肉食肯定者にとって最も由々しきことは、肉食する「権利や自由が踏みにじられる」ことなのである。肉消費者のブログには、肉食を批判するひとの論拠が「動物が苦痛を感じる存在」であることを認め、そのような考えや行動を「立派なこと」「尊敬すべき」とした上で、「肉食を否定するのは自由だけれども、強制にならない範囲でするべきもの」と意見するものが多数存在する。なぜなら、肉食をする・しないという決断はあくまで個人の選択であり、他人から強制されるべきではない。また、ひとも自然界の一員であるから、肉食動物が草食動物を食べるように、肉食は自然な行為と呼ぶべきものであり、善行ではないけれども悪行でもない。そのため、動物に苦痛を与えることは食べるためなら許される。ただし、「もっとも、その苦痛はできるだけ少ないほうがいいと思う」と、書き添えることも少なくない。

(4) 動物目線の消費者

〔一般的な消費者〕の中にも、程度の差こそあれ動物の立場に立って考える消費者が少なからず存在するが、次に登場する消費者は、より徹底して動物の立場から畜産のあり方や人間と畜産動物の関係について考える人々である。この人々は、動物の立場に立てば畜産にはよい点が見つからず、畜産業はいずれ縮小・廃止されるべきだと考えるひとや、畜産業の縮小や廃止までは考えないが動物にとって望ましくない現状は早急に改善するべきだと考えるひとが多い。その結果として、彼らの中には肉食を一切しないひとや最小限にしか行わないひとが少なくないため、彼らのことを畜産動物の「消費者」と呼ぶのは適切ではないかもしれない。しかし、彼らは動物性食品の消費を拒否ないし最小限にとどめるという形で畜産動物の消費動向に影響を与える人々ともいえ、彼らの見方を知ることが消費者の多様性を示すことにもつながると考える。そこで、ここではあえて彼らを〔動物目線の消費者〕と呼ぶことにしたい。

〔動物目線の消費者〕が第一に問題視するのは、畜産業が動物にもたらす苦痛である。日本を含め世界中で食料として飼育されている動物の九四パーセントは、牧歌的な家族農業ではなく、機械化された大規模な畜舎に何万、何十万という単位で収容され、繁殖・飼養・屠殺される。これは「工場式畜産」と呼ばれる飼養法で、基本的に大企業の所有下にあり、収益と効率の概念が事業の原動力となり、動物たちは否応なく経済物資とされる。工場式畜産の目標は、最小限の人力労働と金銭投資によって最大限の肉・乳・卵を生産することにある（Francione, 2000＝二〇一八、六四頁）。

工場式畜産場の動物たちの多くは、四肢を動かし体の向きを変えるだけの空間すら奪われる。日本の採卵鶏の場合、バタリーケージと呼ばれる三段から五段に積み上げられた金網の鳥籠の一区画に五羽程度が閉じ込められる。バタリーケージは欧米で最も嫌われている飼育方式の一つである。ＥＵでは二〇一二年以降、この方式で採卵鶏を飼育することが禁止されているが、改良されたケージ（エンリッチケージ）であれば合法とされ、その一羽当たりの底面積の最低基準は七五〇平方センチメートル（二八センチ×二七センチ）とされている。一方、日本では九二パーセントの卵用の養鶏場でバタリーケージが使用され、その平均底面積はＥＵの最低基準を大きく下回る四四五平方センチメートル（公益社団法人畜産技術協会、二〇一四ａ）、すなわちＢ５サイズ以下の面積である。鶏たちは一生の間、自分たちの体の大きさよりも狭い空間で過ごし、羽を伸ばすことすらできず、体の位置を変えるときは仲間を押しつぶさなければならない。ひしめき合う金網の檻に首や翼や爪を引っ掛けて、足の負傷や骨折に見舞われることも多い。

豚たちの生活スペースも、鶏とさほど変わらない。母豚は一生のほとんどの時間を「妊娠ストール」と呼ばれる鉄製の檻の中で、一頭一頭別々に過ごす。この妊娠ストールは、ＥＵ、オーストラリア、ニュージーランド、カナダ、米国一〇州で禁止、または段階的に廃止されているが、日本における妊娠ストール使用率はなんと八八・六パーセント（公益社団法人畜産技術協会、二〇一四ｃ）にものぼる。幅六〇センチメートルのこの檻は豚の大きさそのものであり、豚たちは座る、寝る、立つ以外はできず、体の向きを変えることも、振り向いて後ろを確認することもできない。さらに分娩前後から授乳期間の二一日間、母豚は「分娩ストール」に移される。この檻は、拘束環境で母豚が子豚を押しつぶす事態や継続的な授乳を防ぐため、豚の動きを完全に封じる。

日本の乳牛の多くは、ひとによる見回りと扱いを楽にするため、牛舎内につなぎ飼いされ、あらゆる運動や方向転換、仲間同士での毛づくろいを妨げられる。酪農場の七二・九パーセント（公益社団法人畜産技術協会、二〇一四ｄ）は、乳牛に運動をさせず、二四時間三六五日、チェーンやロープなどで牛をつないだまま乳を搾り取っている。通常、チェーンやロープなどは短く、牛が首を地面につけるなどして寝ることも難しい長さである。本来、草やわらの上で過ごす牛にとって、薄いマットや少量のわらが敷いてあるだけのコンクリートの上に居続けることは、全身に深刻な負担を与える。関節が硬い床に当たり、床ずれのような傷ができ、傷口に糞尿が付着し、細菌感染して腫れ、化膿し、腫瘍化し、壊死し、悪化する。抗生物質を使って治療をすれば牛乳が売れなくなることから治療されることはなく、よくても消毒される程度である（認定NPO法人アニマルライツセンター、二〇一八、二四頁）。

ほんの一握りの例を紹介したにすぎないが、動物寄りの消費者からすると、こうした環境で動物たちを飼育することは動物の自由を奪い、動物に不快と痛み、怪我、病気を与えてそれを放置する、動物虐待以外の何ものでもない。動物の権利やウエルフェアよりもひとの欲と経済原理を優先する、道徳的に許されざる行為である。しかし、〔動物目線の消費者〕の憤懣の原因は、こうした飼養環境にとどまらない。動物をおとなしくさせて扱いやすくし、密飼い環境での動物の傷つけ合いに伴う「商品ロス」を減らすため、動物の体に対して直接的に損傷を加える、工場式畜産農家の管理方法にも疑問の目が向けられる。

例えば先述したように、鶏は肉用か卵用かを問わず、密飼いがもとで生じる共食いや羽つつきを防ぐ目的から、孵化後すぐから七日齢前後に上の嘴を深く、下の嘴を浅く、麻酔なしで切断または焼き切る「断嘴（だんし）」が行われる。また、牛の多くは、肉用や乳用かを問わず、牛同士の突き合い防止、管理者の安全性といった観点から角が切り落とされる。日本における「除角」の割合は、肉牛の五九・五パーセント、乳牛の八五・五パーセントであり、実施の際は主に断角器や焼きごて、デホーナー（電熱式除角器）が使われる（公益社団法人畜産技術協会、二〇一四b、二〇一四d）。牛にとって除角は激痛を伴う処置であるが、多くの場合麻酔なしで行われており、麻酔を使用する農家は、肉牛の場合は一七・三パーセント、乳牛の場合は一四パーセントにとどまる。角が成長してしまってから断角器で切断するよりも、角が萌芽の段階である三カ月齢以内に除去したほうが痛みが少ないと考えられているが、実際には、肉牛では八五・二パーセント、乳牛では四五・三パーセントが三カ月齢以上で除角されている（公益社団法人畜産技術協会、二〇一四b、二〇一四d）。豚たちも、麻酔なしで体の様々な部位を切断される苦しみを味わう。生後七日以内の子豚の犬歯四本と第三切歯四本、合計八本の歯を、無麻酔でニッパー等で割り、押しつぶす。「歯切り」と呼ばれるこの処置は、小さな子豚にとって痛みやダメージが大きいが、母豚の乳首を傷つけるからという理由で、日本では六三・六パーセントの養豚場で行われている（公益社団法人畜産技術協会、二〇一四c）。さらに、尻尾を無麻酔で切断する「断尾」は八一・五パーセント、オスの子豚の睾丸を無麻酔で除去する「去勢」は九四・六パーセントと、日本の大多数の農場で実施されている（同サイト）。

家畜動物の繁殖もまた、〈動物目線の消費者〉の目には動物たちを単なる生殖機械として扱う、受け入れがたい暴力行為と映る。例えば乳牛は、搾乳すればいつでも乳が溢れてくるミルク製造機なのではない。ひとと同様、牛も母乳を出すためには妊娠と出産が必要なのであり、そのために雌牛たちは月経周期を早められ、人工的に授精され、妊娠状態にされて、出産から間もなく子を奪われる。乳を搾り取られながら再び妊娠させられて、生殖能力が衰えればすぐに屠殺される。授精方法には、購入した精子または種雄牛から採取した精子を、雌牛の肛門から入れた手で子宮頸管をつかみつつ、精子注入器で子宮に流し込む人工授精や、排卵された卵子（胚）を子宮から採取し、精子と受精させた後に別の雌牛に入れる体外受精などの方法がある。いずれの方法でも、メスの乳牛は〔動物目線の消費者〕が「強姦枠（レイプラック）」と呼ぶ装置に固定され、雄牛もしくはその精子を持った人間に妊娠させされ、延々と泌乳を促される。オスもまた、「流れ作業」式繁殖工程の犠牲となる。例えば、人工授精に適した発情期のメスを選び出すのに使われる雄牛たちは、交尾を行わないよう、男性器を横向きに逸らされるか、切り落とされるか、下腹壁に縫いつけられる（Francione, 2000＝二〇一八、六六頁）。乳牛のオスの子牛たちは、すぐに屠殺されて低品質の子牛肉になるか、数カ月の肥育期間を経た後に殺されて高品質の「乳飲み子牛肉」になる。後者の子牛たちは生後すぐに親から引き離され、筋肉の発達を防ぐために小さな檻に一頭ずつ閉じ込められて運動を最小限に抑えられ、薄暗い環境で屠殺されるまでの日々を過ごす。その間、母親の乳が与えられることはなく、粗飼料の混じっていない流動食が与えられ、肉が白身になるよう貧血状態にさせられる。採卵鶏については、雌雄の見分けがつき次第、オスの雛は卵用にも肉用にも適さないので捨てられる。生きたまま袋に詰められて窒息死・圧死させられるか、生きたままシュレッダーのような機械で粉砕させられることが多い（同書、六六頁：認定NPO法人アニマルライツセンター、二〇一八、九頁）。

屠殺は、大規模輸送から流れ作業の解体に至るまで、経済効率を最大化する非人道的行為の最たるものである。農林水産省の畜産物流通調査によると、日本では二〇二〇年の一年間に約一七七四万頭の牛と豚、約七億二五一九万頭の肉用鶏（ブロイラー）が屠畜場で処理された。この数字はそれだけの動物が日本で育てられ、殺されたことを意味する。

牛や豚は、屠畜場に向かうトラックや列車、貨物船に大量に詰め込まれ、立ち尽くしたままで長時間の移送に耐えなければならない。大抵は水も食料も休息も与えられない。牛の場合、移送時に死亡もしくは重傷を負う率は二五パーセントにも達する（Francione, 2000＝二〇一八、六七頁）。車両の中で牛や豚たちは、飢えと渇き、暑さや寒さ、車両の揺れと振動に耐えつつ、仲間たちに踏みつぶされ、立てなくなることも珍しくない。こうした「ヘタリ」、すなわち歩行困難な動物は、屠畜場に着いたら足に鎖を巻かれて引っ張り出されるか、弱って死ぬまで放置される。屠畜場に入った牛や豚たちは蓄殺室に誘導され、キャプティブボルト（屠畜銃）を眉間に打たれて気絶（スタニング）させられた後にシャックル（掛け金）に足をはめられ、逆さ吊りにして血抜きされる。高速で進む屠殺の流れ作業の中で、確実に気絶させることは容易ではなく、一部の動物はぶら下がって屠殺を待つ間、もしくは屠殺の最中に意識を取り戻し、喉を切られてうなり、のたうつ（同書、六七―六八頁）。屠畜場で働いていた元職員らの証言では、牛たちの実に四分の一がこのような形で完全に意識を保ったまま殺されていく（Bernstein, 2004: 97; Hawthorne, 2016＝二〇一九、三〇頁）。

労働者の安全のために、不完全ながらも気絶処理が施される牛や豚に比べ、鶏はひとへの危険が少ない分、気絶処理が行われないことが多い。特に肉用鶏（ブロイラー）よりも採卵鶏の屠畜現場の問題は大きい。肉用鶏の場合は、ストレスを与えると肉質に悪影響が及ぶという観点から、結果として動物への一定の配慮が守られている。それに対して採卵鶏は、屠殺後は缶詰などの用途に肉が加工されることから肉質に対してあまり配慮されず、結果的に採卵鶏の輸送時の扱いや屠殺方法は雑になる傾向が、日本だけでなくEUなど動物福祉先進国でも見られるという（枝廣、二〇一八、三二―三五頁）。しかも、コンテナに詰め込まれて屠畜場に移送されてくる日本の採卵鶏たちは、欧米のように炭酸ガスや電気水槽式スタナー（電流の流れる水槽）によって気絶処理をさせられることなく、生きたままシャックルに足を引っ掛けて逆さ吊りにされ、そのままオートキラーと呼ばれる機械式のナイフか、ひとの手によって首（頸動脈）を切られる。その際に暴れると、首の動脈切断は失敗に終わり、浅くしか首を切られなかった鶏は、血が抜けて死ぬまでの二―三分間意識を保ち、放血の苦しみと首を切られた痛みに耐えることになる。EU指令では気絶処理なしで、すなわち意識のあるまま首を切るという行為は容認されていないが、日本にはそのような法規制はないのである。その後、鶏たちは拘束状態のまま約六〇度の湯に入れられる。意識を保ったままの鶏は、熱さと痛みの中で、熱傷または窒息により、ここでようやく死亡する。このように生きたまま茹で殺された鶏は血が抜けず真っ赤な皮膚になってしまうため、見分けがつきやすい。二〇二〇年の日本では、ブロイラーも含めて、約五四万羽の鶏が生き茹でされた（厚生労働省 e-Stat、二〇二一）。

なお、日本の採卵鶏の屠畜場では、午前中から午後の早い時間にかけて屠殺が行われる。受付時間中に屠畜されなかった採卵鶏は、コンテナに詰め込まれ身動きが取れないまま、翌朝まで置いておかれる。水も餌も与えられず、排泄もその場で行うしかない。劣悪な環境下で屠殺を待つ動物は鶏だけではない。屠畜場に連れてこられた豚が、超過密状態で係留されていることが、国内の複数の屠畜場で確認されている。日本も加盟している国際獣疫事務局（OIE）のコードでは、豚が立ち上がり、体を横たえ、方向転換するための十分なスペースを与えることが規定されているが、日本ではこれらの最低基準さえ守られていない状態である（認定NPO法人アニマルライツセンター、二〇一九a）。

〔動物目線の消費者〕は、これまで見てきたような畜産動物の置かれる状況に対して「これは間違っている」と考える。そして、個々人の考え方や理念、環境や利用可能な資源に応じて、様々な形で対処する。例えば、肉食を完全にやめるひともいれば、肉食をする回数や量を減らすひともいる。アニマルウエルフェア・フードチェーンを利用し、よりよい環境で飼養された動物からの生産物のみを摂取するひとや、そうした飼養を行う農家を何らかの形で支援するひともいる。さらには、企業や畜産農家、食肉工場、畜産協会等に動物の飼養環境や管理、屠殺方法等の見直しを要求する、署名活動をする、街頭で啓発活動を行う、中央政府や地方自治体に法律や条約等の改正を働きかけるなど、社会的活動を行うひとも少なくない。SNSの発達に伴い、こうした人々の間での情報交換と情報発信は活発化しており、互いに刺激を与え合いながら動物の犠牲が少ない社会の実現が目指されている。

団体の活動としては、例えば二〇一七年一二月、日本政府がOIEに提出する採卵鶏ウエルフェア条項案に関して、認定NPO法人アニマルライツセンター、動物保護団体PEACE、ヘルプアニマルズ他の五団体が連名で農林水産省消費・安全局動物衛生課と食品安全政策課に要望書を提出した（動物保護団体PEACE、二〇一七）ことが挙げられる。要望内容は「敷料が提供されなければならないものとする」ことや「ついばみの区域が提供されるべきであるとする」こと、「有害な羽つつき及び共食いの予防及び管理の部分に、遊動行動を促進する屋外へのアクセスや暗所への保育箱設置を追加」「断嘴する位置について修正」「と畜場での保管時間は二時間を超えてはならないとする」など多岐にわたるが、いずれも動物の苦痛を最小限にするために科学的根拠に基づき考案された具体的な提案となっている。また、二〇一九年六月一九日に改正動物愛護管理法が公布されたが、これに先立つこと二年半前から、NPO法人動物実験の廃止を求める会JAVA、動物保護団体PEACE、認定NPO法人アニマルライツセンターの三団体が連携して法改正運動を行った。粘り強い運動の結果、畜産に関する付帯決議「畜産農業に係る動物に関して、本法及び本法の規定により定められた産業動物の飼養及び保管に関する基準を周知し、遵守を徹底するよう必要な措置を施すこと」が盛り込まれた。これは「畜産・と畜場では法遵守の意識が大変薄い」という課題に対応したものであり、決議の内容を環境省がどの程度実行するかは今後注目されるところである。

企業にインパクトを与えている団体の例としては、ザ・ヒューメイン・リーグ・ジャパンが挙げられよう。同団体は、世界的展開をする食品関連企業に対して大規模な署名活動と抗議運動などを行って交渉をし、企業内の動物福祉ポリシーに影響を与え、食用として飼育されている動物への虐待を終わらせることを目的に活動している。彼らの働きかけにより、スターバックスコーヒー社やサブウェイ社がブロイラーの福祉政策の改革を公約したり、小売業者コストコ社がケージフリーの卵を調達する方針を示したりする動きが見られている。

自らアニマルフレンドリーな見解を表明している大手企業に、家具製品で有名なイケア（ＩＫＥＡ）がある。アニマルウエルフェアの政策を持つグローバル企業であっても、日本向けの原材料の調達等には政策が適応されないケースが多いが、イケアのアニマルウェルフェアの見解は日本を含む全世界を対象にするものである。また、内容も「ケージや妊娠ストールの段階的廃止」や「採卵鶏の断嘴や牛の除角、豚の断尾や歯の切断などの、日常的に動物の体を改変する行為の段階的廃止」、「抗生物質を日常的に予防目的で使用することの段階的廃止」など、包括的で充実したものとなっている。

認定ＮＰＯアニマルライツセンターのホームページには「わたしたちは、工場畜産や動物搾取がもたらす動物たちの苦しみや苦悩、弱者への暴力や差別、環境問題をなくすために力を尽くします」と謳われ、とりわけ工場畜産の犠牲となる動物たちの情報が頻繁にアップロードされている。例えば、「終わらない豚コレラ、124,993 頭の犠牲。養豚の限界」と題する記事の中で、「現代の集約的畜産＝工場畜産は、常軌を逸した数の動物を詰め込む。病気が出て当たり前」と、日本政府の対応の遅さと畜産業の持続不可能性について批判的に論じている（アニマルライツセンター、二〇一九b）。同センターは、先述した「動物はごはんじゃないデモ行進」を主催したことからもわかるように、畜産動物の福祉向上のみならず、肉食のために動物を犠牲にする畜産システム自体にも疑義を唱える。「動物には、感覚があり、意識があり、その動物らしい生き方があります。動物たちは人間の〝所有物〟ではありません。（中略）思いやりのある生活をおくることは、あなたの生活の質を下げることはなく、よい社会を作り出します。人にとっても、動物にとっても、地球の未来にとっても、素晴らしい選択です」と、動物を搾取しないライフスタイルを推奨する（アニマルライツセンター、二〇一九c）。

動物への「思いやり」は、日本人の大多数に共通理解されているもののようである。アニマルライツセンターが調査会社に委託して行った畜産動物福祉に関する消費者意識調査（二〇一四）では、日本人の大多数が、動物に痛みやストレスを与える工場型畜産のあり方に否定的見解を示していることが明らかとなっている。例えば、一五―五九歳の日本人一一八八名のうち、八六・五パーセントが「生産性を高めるために卵を産むための鶏が一羽あたり二二センチメートル×二二センチメートル程度の巣も何もない金網の中に閉じ込められ飼育されていること」を「やめてほしい」と答え、「母豚は、管理をしやすいように、方向転換できず、立つか寝るか以外は身動きの取れない檻（ストール）に拘束されていること」についても八七・七パーセントが「やめてほしい」と答えている。

動物が思いやりのある扱いを受けるようになることを保証するために、個人単位で動物を救おうと活動する人々もいる。ベジタリアンやヴィーガンである。一般的なベジタリアンは肉や魚を食べないが、ヴィーガンは肉や魚だけでなく、卵、動物の乳や乳製品、はちみつ、ゼラチンなども口にしない。ヴィーガンとは、ベジタリアンから派生した分派で、動物由来のあらゆるもの（食品、絹・革・毛皮・羊毛などの衣類、動物実験を経た化粧品、動物園や水族館、サーカスなどのエンターテイメントなど）を買わない、売らない、利用しない、ひとにも勧めない生き方を選択する。

ヴィーガンという言葉は、一九四四年に英国ヴィーガン協会の共同設立者であるドナルド・ワトソンによって「乳製品や卵を食べないベジタリアン」を簡潔に言い表すために造語された（ふかもり、二〇一七、四八頁)。動物を可能な限り犠牲にすることなく生きることを是とし、その考え方を生活の中で実践する生き方は「ヴィーガニズム」とも呼ばれる。ひとがヴィーガンになる時期は様々で、中にはヴィーガンの夫婦の家庭で生まれながらにヴィーガンとして育ったひともいる。しかし、一般的には肉食の家庭で育ち、ごく当然のように肉食を続けるうちに、肉食に疑問を抱くようになり、徐々に肉食をやめていくようになるか、あるいは何かの出来事をきっかけとして突然に肉食から完全に手を引く。「屠殺動画を見終わった後、冷蔵庫に直行してすべての肉を捨てた」という話もヴィーガンから聞く。肉食をするということはつまり動物を殺すことなのだ、自分が直接殺したことはなくても誰かにたくさんの動物を殺させてきたということなのだ、ひとに食べられるだけの目的で無理やり生み出され、地獄に近い劣悪な環境で死なない程度に生かされ、用がなくなれば無残に殺されるだけの動物たち、肉食とは何の罪もない無抵抗な動物たちにこんなひどい仕打ちをすることなのだ……。直接的または間接的に自分が行ってきたことを直視し、戸惑い、のたうち、後悔し、懺悔する。ヴィーガンになったきっかけは様々でも、概ねこうした強い自己否定がヴィーガニズムへの移行期には存在する。

興味深いのは、彼らがこうした気が狂わんばかりの最悪の精神状態を経て、ヴィーガンとなることによって一気に精神的解放へと向かうことである。「もうお肉は食べないと言えた瞬間、やっと本当の自分になれた気がして楽になった」「肉食を続ける過程でずっと気がかりだった動物たちへの申しわけなさが、ヴィーガンになることによって払拭された」「よくないことだとわかっていながら続けている自分への嫌悪感、自分の不甲斐なさがなくなって心が解放された」という当事者の声をよく耳にする。一方、こうした心境は、一般の人々には理解しがたいことも事実のようである。「今まで普通に肉を食べていたのに急に食べなくなるなんてできるはずがない」「本当は肉を食べたいのに無理をしていそう」「隠れて肉を食べているに違いない」など、ヴィーガンに対する心配と疑念と揶揄がないまぜになったコメントは、SNSで多数目にすることができる。しかし、当のヴィーガンからすると、そうしたコメントは肉食に対する自己批判、自己否定を経験したことのないひとによる、根本的に的外れの指摘に聞こえる。ヴィーガンからすれば「動物への思いやりを途中で撤回することなどできるわけがない」のである。

多くの人々が、ヴィーガンを一種の断念や我慢と受け取るのも一理あるだろう。ヴィーガンが「肉食しない」「肉や卵、牛乳を飲むのをやめた」と口にするとき、聞く人々には「しない」や「やめた」という否定的表現が印象に残り、そのことがヴィーガニズムを食事上の苦行か何かのことのように思わせてしまうのかもしれない。しかし、これは間違いではないにしても、ヴィーガニズムの本当の意味を適切に伝えるものではない。ヴィーガニズムの本質は断念や我慢ではなく、動物の犠牲を最小限にする新しい物事——新しい食事、新しい風味、新しい友人——に心を開く姿にある。ヴィーガンが失うものはただ一つ、故意の動物殺害への加担だけである（Hawthorne, 2016＝二〇一九、五一頁）。

そして、ヴィーガンは自分たちがそうであったように、肉食がもたらす畜産動物の現状を知ることが第一に重要であると考える。動物への思いやりを各自の生活の中で行動に移すことももちろん大切であるが、そもそも現状を知ることなくして思いやりの生活は始まらない。そこで、彼らは動物たちの置かれている状況を人々に伝えるべく、思いつくことは何でも実行しようと試みる。自ら製作したパネルや動物問題を映し出した動画モニターを掲げ、街頭でアウトリーチすること、動物解放団体が主催するデモ行進に参加すること、署名活動を立ち上げたり協力したりすること、電話やハガキで抗議活動を行うこと、動物やヴィーガンに関する講演会や上映会を実施すること、動物搾取がなされている現場に行って傷ついた動物たちをレスキューしつつ抗議活動をすること。時や場所を選ばず、多くは寒さや暑さに耐えながらの活動であるため、身体的にハードである上、動物にあまり関心を示さない人々や、あからさまに言葉や態度で不快感を表出するいわゆる「アンチ」と対面しながらの粘り強い活動であるため、精神的にも相当に厳しいものがある。さらに、すべての活動は基本的に金銭的バックアップなしに「自腹」で行われるため、経済的にも決して容易なことではない。それでもヴィーガンは揺るぎない信念を持ち啓発活動を続けている。「肉食の現実を知ってください、そして動物を思いやる生活をできることから始めてください」と。

しかし、世間はそう簡単に彼らの声に耳を貸すわけではない。「肉を食べて何が悪いのか」「綺麗事を言ったところで結局何も変わらないじゃないか」「動物よりもひとの生活が大切だ」というマジョリティの声。ほとんどが善良な市民であるにもかかわらず、まさにその同じ人々が、肉食を通じて残虐行為に関わっているという事実に気がつくたびにヴィーガンは何度も驚愕し、落胆し、憤慨せずにはいられない。ひとはヴィーガンに「なぜあなたたちは肉を食べることを拒むのか」と尋ねるが、ヴィーガンから言わせれば、「あなたたちが動物の屍体を口に入れられることのほうが驚き」なのである。ヴィーガンには、周囲の人々がますます虐待の犯罪者、死体を食べる異常者に見えてくる。どんなに必死に活動してもなかなか改善されない人間中心的な社会に苛立ち、疲弊し、絶望したヴィーガンから「人間こそ諸悪の元凶。人類滅びろ」という呻き声のような呟きがＳＮＳ上で発信されることがある。すると、ヴィーガン内部に「よく言ってくれた」という賛同の声と、「それを言ってはおしまいだ」という批難の声とが飛び交い、炎上して、ヴィーガンコミュニティの分裂の危機へと発展することも度々ある。

しかし、そのように社会が混沌としている間にも、世界は密かにかつ大胆に変わりつつある。動物への思いやりから、地球環境保護の観点から、あるいは健康意識の高まりから、肉食の見直しを始める人々の動きは、いま世界の食肉産業を揺り動かしつつある。消費者は急速に従来の食肉から離れ、植物ベースの代替肉を選択するようになっている。世界の主要企業約四〇〇〇社を顧客に持つ英調査会社グローバルデータによると、肉を食べない、もしくはその消費量を減らしているひとは、世界人口の七〇パーセントに上ると見られる。また、米国では国民の三〇パーセントが「肉の消費を減らした野菜中心の食生活の方がよい」と考えており、実際、ヴィーガンとして生活するひとが二〇〇九年から二〇一七年の間に六倍に増加している（フォーブスジャパン、二〇一八）。こうした傾向は特にミレニアル世代と呼ばれる一九八〇年代から二〇〇〇年代初頭までに生まれた人々において顕著に見られ、彼らの三割は毎日、五割は週に数回、植物性肉を食べている（FAIRR, 2018）。調査会社リサーチ・アンド・マーケッツによれば、植物性肉の世界市場規模は二〇一八年現在四六・三億ドルだが二〇二三年には六四・三億ドルに達し、飲料を含む植物性タンパク製品（大豆、小麦、豆、菜種、ポテト、米、コーン等に由来する食品）の市場規模は二〇二二年に一〇九億ドルまで成長するという（Research and Markets, 2018）。ドイツのある有名な肉加工会社では、ベジタリアン人口の急増により売り上げが一五パーセントほど減少し、それをきっかけに、二〇一四年頃から大豆ミートによるソーセージやハムの製造を開始した。同社の社長は「この流れはブームではない。消費者の価値観が変わってきたのです。肉を扱う会社は対応を迫られています」と語った（テレビ東京「未来世紀ジパング〜世界で拡大中！ベジタリアンフード〜」、二〇一九年一月三〇日放送）。二〇二一年には、イスラエルのベンチャー企業とイスラエル工科大学が、3Dバイオプリンティング技術を用いた培養リブアイステーキ肉を世界で初めて開発し、話題となっている。生産するのに動物を殺す必要は一切なく、遺伝子組み換え技術も使わない（フォーブスジャパン、二〇二一）。

そして、この時代の波は、日本にも着実に押し寄せている。大塚食品は二〇一九年に大豆を原料とするハンバーグの全国展開を始めた。イオンやローソンなども取り扱い、五年以内に年間三〇億円の売上高を目指す。二〇二二年に植物肉の市場規模は約二五〇億円に達するとの試算もある（日本経済新聞、二〇一九年九月七日）。外食産業も盛んだ。例えばNPO法人ベジプロジェクトジャパンや認定NPO法人日本ベジタリアン協会が、独自の定義に基づいてヴィーガンやベジタリアンの飲食店や料理を認定している。株式会社フレンバシーが運営する「ベジウエルレストランガイド」には、プラントベース（植物性）の食事を提供する日本全国のレストランが一四三七店舗登録され（二〇二一年一二月現在）、地域や店名を検索ボックスに入力するとヴィーガンやベジタリアンが満足するレストランの情報が手軽に得られるようになっている。また、以前は大豆ミート等の植物性加工食品を都心部以外で入手するのは困難とされてきたが、今日ではオンラインショッピングの普及により、自然製品を扱うグローバルな流通センターが運営する「アイ・ハーブ（iHerb）」や楽天ショップ内に存在する専門店「グリーンズ・ベジタリアン（Green's Vegetarian）」などから、日本のどこからでも植物性食品を入手することが可能になっている。さらに、近年では日本初のヴィーガン料理に特化したレシピ投稿アプリ「ブイクック（V-cook）」やヴィーガン惣菜サブスク「ブイクックデリ」も登場し、植物性の食事がより気軽に選べるようになってきた。ただし、こうした動向は、すべてが日本人の肉食離れを反映するものではないのかもしれない。日本への外国人観光客が増加する中で、二〇一八年の訪日ヴィーガンと訪日ベジタリアンの飲食市場は四六八億円と推計されている（フレンバシー、二〇一九）。二〇一八年当時、二〇二〇年の東京オリンピックを控え、いわゆるインバウンド需要を見込んでいた外食店や企業がベジタリアンやヴィーガン向けの料理を開発するなど、注目が高まっていたことも事実であり、日本に動物への思いやりの食文化が醸成するかどうかは、今後の動向を見るまでは定かではない。

第2章 ひとから見える世界、動物から見える世界

第1章では、ひとから見える動物のありようの多様さを概観した。動物のありようとは言っても、第1節では動物園の動物たち、第2節では畜産動物に焦点を合わせるという形で、ひとが動物に寄せる目線のごく一部を切り取ったにすぎない。しかし、第1章の目的は、そのすべてを逐一表示することではなく、同じ動物をめぐって見え方がなぜ、どのように異なってくるのかを例示することにあった。この目的を果たす上では十分すぎるほどの事例を提示することができたように思う。例えば、動物園の動物の見え方は〔来園者〕と〔動物目線の来園者〕とでは天と地ほどの違いがあり、その違いは、ひとと動物との関係の持ち方の違いを指し示すものでもあった。畜産動物についても、〔一般的な生産者〕と〔動物目線の生産者〕との間、〔一般的な消費者〕と〔動物目線の消費者〕との間には

動物の見方に大きな隔たりがあり、その隔たりは動物をどのような存在と捉えるかの相違が如実に反映されていた。

ここですぐに「立場が違えば見え方が違うっていう、当たり前の話だね」という声が聞こえてきそうである。実際、これまで動物に関する議論は、「立場の違い」や「見解の相違」という言葉で片づけられてしまい、それ以上踏み込んで考える機会はあまり提供されてこなかったように思う。だからこそ、自分とは異なる立場や見解がどういう価値や意味を持つのかが把握できず、他者理解が深まらなかったのではないか。また、自分の立場や見解がそれとどのように異なり、自身が重きを置く価値や意味がどこから来ているのかという自己理解も進まなかった可能性がある。

第1章で見たように、動物をめぐる人々の立場や、それに基づく見解にはかなりの乖離があり、互いに反駁し、時には激しい対立構造が浮かび上がることもある。しかし、最も深刻な状況はおそらく沈黙と無関心と思考停止である。「自分とは立場の違うひとの考えなんてどうせ理解できないし理解してもらえもしない」という諦めの姿勢が続けば、個人や社会の変化を期待することもなくなり、結果として動物とひととのよりよい関係を模索する動きも滞ってしまうことだろう。

この閉塞状況を打破するには、立場や見解の違いを生み出す仕組みを俯瞰して捉え、相互理解を深めるための視点が必要であると考える。その視点を見出すために、本章ではまず、動物の様々な見え方が立場や見解によってどのように違ってくるのかを、第1章で示したデータに基づき整理する。次いで、そこで見出された「立場」や「見解」の違いを生み出す仕組みを、アフォーダンスという概念を手がかりに俯瞰したい。アフォーダンスについては後で詳しく触れるが、大まかに説明するとそれは、価値や意味という、ふつうひとの内面（心や脳）に存在すると考えられているものは実は環境の側にあり、ひとや動物と環境（ひとと環境、動物と環境）との関係において規定される環境の特性であるとする立場である。アフォーダンスの概念は、価値や意味の主観主義に陥らずに、むしろそれらの環境における実在性を主張するのである。

ではまず、第1章に示したひとから見える動物園の動物と畜産動物を整理しよう。

1　ひとから見える動物

（1）動物園の動物たち

世界動物園水族館協会や日本動物園水族館協会がどのように規定しようと、一般的な〔来園者〕の多くが動物園に求めるものは、家族や友人、恋人がそこでのんびり過ごし、珍しい動物たちの姿を見て、普段とは一味違うコミュニケーションを味わい、楽しい思い出を作ることに一役買ってくれそうなレクリエーションの場であることを否定するのは難しいようだ。小さな子どもは大型ではっきりした特徴を持つ動物を見て喜び、親はその子どもの姿を見ることで幸せを感じる。上野動物園のパンダのように「ご当地性」を反映する動物や、メディアなどで話題の動物を見てみたいという好奇心は、実際にその動物を目にすることによって満たされる。動物の赤ちゃんの愛くるしい姿やユキヒョウなどの美しい動物、アジアゾウやペンギンのように人気の高い動物を見て心が和む。〔来園者〕の多くは、動物について「教育」されるよりも、明らかにこうした幸福感や満足感、癒され体験を求めて動物園を訪れている。そして、中でも特に自分にとって快い感情を引き出してくれそうな動物に心を寄せ、より長い時間その動物の前で足を止める。

快い感情は必ずしも動物の姿形から喚起されるとは限らない。〔来園者〕が、ある動物舎の前での滞在時間が長い場合、その動物が動いていることが多かったという調査結果からうかがえるように、〔来園者〕は単に動くものに目を奪われ、そうでないものには関心が続かない。また、レッサーパンダは外向的で誠実そう、ライオンは調和的でないといった擬人化されたイメージを動物に投影し、動物への親和性や好き嫌いの感情を抱いて動物を眺めることもある。

〔来園者〕の中にも様々なタイプのひとがおり、中には動物園のレクリエーション機能よりも教養を求め、何度も動物園に足を運んで動物を見ること自体に重きを置く人々（リピーターに多い）も存在する。しかし、彼らが高く評価するのは話題性の高い動物展示や動物の子ども、飼育舎の新しさであったという研究結果から、彼らの価値観は一般の〔来園者〕のそれと大差はなく、その話題性や新規性に対する関心度と知識量に関する差異のみが存在すると考えられる。

いずれにしても、動物園の〔来園者〕のほとんどは、動物に対して嫌悪や否定的な感情よりも好意や肯定的感情を抱いている、いわゆる「動物好き」なひとであろう。動物に対して嫌悪感が強いひとが、わざわざ入園料を払って動物を見にくることは、かなり特別な理由がない限り想定しにくい。彼らが「動物好き」なのは、動物が愛らしく珍しく、ひとを和ませ癒してくれるからである。彼らにとって動物園にいる動物たちは、自分に肯定的感情をもたらしてくれる価値ある存在であり、逆に言えば、そうした価値を彼らに与えない限り、その動物は彼らの関心対象から外される。

〔来園者〕と比べて〔動物園人〕の動物の見方はやや複雑である。インターネット上で動物の飼育職員による「動物好き」という主旨の書き込みの多さを確認するまでもなく、〔動物園人〕の多くが動物に対して肯定的感情を抱いているであろうことは、その職務内容からもある程度推察できる。実際、彼らのブログやツイッターには、自身が担当する飼育動物に関して一定の専門的知識と経験、愛情に基づき動物たちの世話をし、その動物たちの成長や健康状態を気遣い、愛情を注ぐ様子が記されている。しかし、彼らは〔来園者〕とは違って単なる「動物好き」なのではない。動物の飼育に加え、動物園の目的とされている教育・レクリエーション・自然保護・研究を果たすべく、教育活動への参加、展示の改善、動物の繁殖、保護、研究など、いわゆる知的労働型の業務にも従事することが期待されている。その意味で、〔動物園人〕は動物から快い感情を与えられるだけでなく、動物を研究の対象として、また、教育、繁殖、経営上の資源として扱うことが求められてもいる。

動物園を維持していくためには、収入源である入園料を得るために来園者数を維持する必要があるが、そのためには〔来園者〕のニーズを把握しその需要を満たすことが鍵となる。そのため、〔動物園人〕は、〔来園者〕とは違ったスタンスに立ちながらも、常に〔来園者〕の目線を自分の眼差しの中に取り込み、〔来園者〕のニーズに応えることや〔来園者〕が喜ぶであろうことを先取りして提供することが求められている。これは終わりなきプロセスである。例えば、飼育職員によるブログやツイッターのフォロワーが増えれば増えるほど〔来園者〕のニーズや動物園への期待は高まり、〔動物園人〕にはそれに応える何かを打ち出し続けることが求められるだろう。解説板作りでは「利用者の視点」がキーワードとされていた。動物園の大口の利用者である子どもたちに利用してもらうためには、子どもたちが知りたい情報を伝えるだけでは不十分であり、子どもを連れた親や引率する先生など大人の〔来園者〕の心をつかむことが必要なのである。

動物の展示方法についても、〔来園者〕が動物をどのように見ているかを知ることが大きなポイントとなる。日本では今日でも檻や柵、無柵放養式を多用して動物の身体的特徴を見せるだけの「形態展示」をしている園が少なくない。しかし、一部の園では二一世紀に入る頃から動物の生息環境や周辺環境との結びつきに配慮した「生態展示」「行動展示」「ランドスケープイマージョン」の取り入れが始まった。この変化は海外からの影響が大きいが、〔来園者〕の目線を自らの目線に取り込み、提供するサービスに生かしていく〔動物園人〕の方策が、この変化の中にも見て取れる。例えば、「行動展示」によって旭山動物園を復活させた元園長の小菅正夫は、市民からの「動物園の動物は動かないからつまらない」という声に応え、「動物の凄さ」を実感してもらえることを動物園再生の理念としたと述べている。これは、〔来園者〕の動物に対するネガティブな見方をいったんそのまま受け止めた上で、そのイメージとは全く異なる動物の姿を見せることで、〔来園者〕に驚きや興奮、喜びを喚起することを売りにした事例である。飼育方法についても例外ではない。日本の動物園に「環境エンリッチメント」の取り入れが短期間で急速に進んだ理由の一つには「来園者の評判がよいこと」がある。展示方法や飼育方法の改善には、〔動物園人〕の目線をいかに〔来園者〕の目線に近づけ、〔来園者〕から見える動物の姿をリアルに想像しながら、そこに意外性や感動を生み出すことが大切かということであろう。

しかし、〔動物園人〕による〔来園者〕の目線の取り込みは容易ではなく、時には〔来園者〕を喜ばせることに重きを置きすぎて動物に無理を強いることもある。例えば、動物園のすぐそば、あるいは動物園内に遊園地を併設して、動物園にひとを呼び込むことがあるが、遊園地からの騒音や振動などは動物の安寧を脅かし、動物に慢性的なストレス状態をもたらす恐れがある。また、ナイトサファリなどの夜型動物園は人気があり、来園者増加対策には有効であるが、その内容が遊びの方向へエスカレートしやすく動物に悪影響を与えかねない。動物の生活の質や幸福度に配慮する動物福祉の考え方が一般社会に広まりつつある昨今、このように〔来園者〕の価値観を重視すればするほど動物に負の影響をもたらすことへの懸念は、〔動物園人〕内部からも上がり始めている。

以上のように、〔動物園人〕は〔来園者〕と同じく「動物好き」な人々であり、基本的には〔来園者〕と同一方向を向いて物事を考え、〔来園者〕のニーズを充足・拡大する方向へ発展してきたと言える。〔動物園人〕が「動物好き」なのは、動物が愛らしく珍しく、ひとを和ませ癒してくれるからであり、かつ〔来園者〕の利益を増幅させる動物園というシステムにとって欠かせない貴重な資源であるからであろう。〔動物園人〕は、〔来園者〕の喜びと驚きにつながる展示方法や飼育方法を模索する過程で、動物にとっての環境の意味を発見し、「生態展示」「行動展示」「ランドスケープイマージョン」「環境エンリッチメント」など新しい動物園のあり方を〔来園者〕に提示してみせた。その試みは日本の動物園の一部に限られているものの、環境内での動物たちのダイナミックな動きを目にすることを通して、これまで動物の形態的特徴にしか注目しておらず、環境にまで注意が及ばなかった多くの〔来園者〕の目を開かせる機会となったと言える。また、その経験は〔動物園人〕自身にとっても、環境の特性が動物に与える価値について考える機会を提供したものと思われる。しかし、それでもまだ〔動物園人〕の目線は〔来園者〕と同一方向にあり、動物の側からではなく、ひとから見える動物と、その動物が存在する環境をなぞっているだけの状況である。

これに対して、〔動物目線の来園者〕は〔動物園人〕や〔来園者〕とは大きく異なり、ひとから見た動物ではなく、動物自身の目線から世界を見る。すなわち、動物の「六つの自由」に基づき、動物はこの環境でどのような音を聞いているか、匂いを嗅いでいるか、狭さを感じているか、寒さや暑さ、痛みや苦しみ、空腹を感じているか、恐怖や怒り、絶望、孤独をどのぐらい感じているかなど、動物自身の感覚や知覚、感情に関心を寄せる点に特徴がある。

〔動物目線の来園者〕が動物の感覚や知覚、感情を読み取る際の手がかりは主に二つある。一つは、動物自身の行動だ。例えば、動物園の動物が示す常同行動などの「異常行動」は、不適切な環境に対して動物がストレスを感じており、それを和らげようとする適応行動である。〔動物目線の来園者〕は、そうした知識を踏まえて動物の行動に着目し、例えばゾウがダンスを踊るように足や頭部をリズミカルに動かすような典型的な常同行動を示していれば、そのゾウはその環境に馴染むことができずストレスを感じていると捉える。

〔動物目線の来園者〕にとっての二つ目の手がかりは、動物が置かれている環境の情報である。動物は、その行動の「痕跡」を環境に残すことがある。例えば、動物園の動物たちが〔来園者〕の近くにではなく動物の寝室につながる出入り口付近で横になっていたりうろうろしていたりすることが多いのはなぜだろう。それは、動物がひとの目線や耳障りな音、退屈な場所を避けて、動物舎奥の静かな寝室に帰りたいことを物語っているのかもしれない。ビーバー舎の寝室へとつながる鉄の扉に刻まれた跡は、ビーバーが何年もかけて前足で必死に扉を開けようとしたことを示しているのだろう。寝室に帰りたいという必死な思いがないのなら、一体何のためにビーバーは鉄の扉にそんな傷をつけるというのか。〔動物目線の来園者〕は、動物が生活する環境に刻まれた情報を通して、動物が何を感じ、それをどのくらい望んでいたのかを想像しているのだ。

〔動物目線の来園者〕は、動物の置かれた境遇を動物の立場から想像するとき、その動物の体格や能力、習性、年齢などを考え合わせて、その環境に置かれることの痛みや苦しみをよりリアルに感じている。例えば、大人が二〇歩も歩けば端に届いてしまうくらい狭く、コンクリートの床が傾斜した動物舎に六〇年以上たった一人で生きなければならなかったゾウの苦しみは、ゾウが本来は母子グループがいくつか集まり群をなし、エサを探して一日一七時間も大地を歩き続ける活動性の高い動物であることを知っていれば、よりリアルに共感できることだろう。また、オオカミが一六キロメートルも先の音を聞き分けることができる優れた聴覚を持つ動物であることを知っていれば、自分の頭上をジェットコースターが轟音を立てて何度も通り過ぎる場から逃れられないオオカミの苦しみに共感するのはそれほど難しいことではないはずだ。〔動物目線の来園者〕が漏らす「動物を商材として収入を得ているのであれば、その動物に最低限の配慮くらいはしてもよいのではないか」との憤怒の声には、そうした動物の苦しみへの強い共感が込められているのである。

このように動物園の動物たちの見え方は〔来園者〕〔動物園人〕〔動物目線の来園者〕によって大きく異なっている。動物を見ることを純粋に楽しむ〔来園者〕は、自らの幸福感や好奇心を満たすような情報を、動物の中に見出そうとする。〔動物園人〕は、〔来園者〕の目に映る動物のありように注意を払い、様々な手段——動物が自然の中にいるかのような展示方法や関心を引く解説版の設置、レクリエーション設備の充実、赤ちゃん動物の繁殖と展示、SNSでの情報発信など——によって〔来園者〕が退屈しないで動物を注視することができ、動物に感情移入できる情報を仕掛けようとする。一方、〔動物目線の来園者〕は、動物たちの心身の状態の手がかりとなる情報を、動物たちの様子と彼らが置かれている動物園の環境とセットにして見出そうとするとともに、その動物種の習性やその動物個体の特性に関する知識を活用することによって動物たちの置かれた境遇を動物の目線から想像し、動物が体験している痛みを追体験する。そして、〔来園者〕に対して快さを感じさせるために動物たちに無理を強い、そのしわ寄せとして生じる動物たちの苦しみをケアしているようには思えない〔動物園人〕の姿勢に対して強い憤りを覚えている。

（２）畜産動物たち

動物の目線から見た世界は〔来園者〕や〔動物園人〕からは見えにくかったり、見えないように覆い隠されたり、時にはすっかり忘れ去られていることもあった。このように動物から見える世界がひとの目から見えにくくなっている状況や、あえてそれを見えにくくしている状況は、畜産動物ではより明白なものとなる。つまり、畜産という世界において動物たちは、ひとの利益を生み出す目的のもとにこの世に生み出され、品種改良され、資源や物として扱われる。畜産業は産業経済活動の一つであり、畜産動物はその活動を支える「商材」として明確に位置づけられているのである。

他の経済活動が消費者の動向に強く影響を受けるのと同様に、〔一般的な生産者〕が進むべき道を決める第一の羅針盤は〔一般的な消費者〕の意向だ。現代の家畜動物の多くは、ひとの限りない欲望と贅沢な嗜好による理不尽な要求に翻弄され、過酷とも言える大仕事を強いられる（伊藤、二〇〇一、六頁）。つまり、〔一般的な生産者〕は〔一般的な消費者〕が望む形質を有する個体を維持し、そうでない個体を淘汰することにより、商材として「生産性」の高い畜産動物を開発する。その過程では、給餌と肥育、飼養環境の整備、生産性を阻害する動物の特性の排除、薬剤投与、繁殖、出荷、屠畜、解体、加工などの多くの工程が、大河の流れのごとく滞りなく進められていく。〔一般的な生産者〕の多くは、〔一般的な消費者〕の生活を豊かにし、彼らに喜んでもらえることを自らの使命感として、質のよい食べ物としての動物たちを効率よく作り出すことに精を出す。〔一般的な消費者〕はより安全で、よりおいしく、より安い商品を求めるため、〔一般的な生産者〕は少しでも良質で鮮度の高い肉や卵、乳製品を、できるだけ低コストで生産することを目指す。〔一般的な生産者〕は、〔一般的な消費者〕とは別のスタンスに立ちながらも、常に〔一般的な消費者〕の目線を自分の眼差しの中に取り込み、〔一般的な消費者〕がほしがるものを先取りして提供することが求められている。胴体に大量の肉がつく豚、年間三〇〇個も産卵する鶏、毎日二〇リットルもの乳を排出する乳牛、霜降り遺伝子を持つ肉用牛など、そのニーズの追求には終わりがない。人々の期待を裏切ることなく生産者の努力に対して見事に応えてくれる動物たちは、〔一般的な生産者〕の目には「感心するほど傑作の生き物」であり、「感謝」と「敬意」を抱かずにはいられない存在として映っているのである。

〔一般的な生産者〕がその動向を注意深く見守る〔一般的な消費者〕は、畜産動物をどう見ているだろう。彼らの多くにとって、おいしくて安全と思える肉や卵、乳製品を食べることは生きる楽しみや喜びであり、安くて手軽で便利なことでもある。また、動物の肉などを食べることは、自分や家族の健康を維持したり円滑な社会生活を営んだりするためにも重要だ。そもそも、そうした健康感や充実感、幸福感を求めることは、ひとに与えられるべき権利であり、その権利が守られることはひととしての尊厳であり、肉食することはすべてのひとに与えられた選択の自由なのだ。〔一般的な消費者〕はそう捉える。

「肉食する権利と自由」を重視する彼らが注視するのは、「動物」そのものではなく、ひとが食べる状態に加工された「肉や卵、乳製品」である。肉や卵、乳製品のもとになっている生身の動物たちは、彼らの関心の対象外であるだけではなく、望まれざる存在であることも多い。〔一般的な消費者〕にとって動物の生活、動物が暮らす環境、動物から流れる血は、あまりに生々しい。そのため、様々な「罪悪感軽減戦略」を駆使して彼らはその現実から目を背ける。実のところ、現実を直視しないことのメリットと効用は、〔一般的な消費者〕よりも〔一般的な生産者〕のほうが熟知している。動物たちの飼養実態や屠殺の現場を〔一般的な消費者〕に見せることは、彼らを不愉快にさせて食欲を失わせ、罪悪感を増やして、消費欲を失わせることだろう。それは〔一般的な消費者〕と〔一般的な生産者〕の両者にとって不利益であるため、〔一般的な生産者〕は細心の注意を払って畜産動物に関する情報を管理する。その苦労のおかげで〔一般的な消費者〕の多くは現実に直面するリスクを免れ、「知らされない利益」を享受することができているのである。すなわち、〔一般的な消費者〕の多くにとって「動物」は見えない存在であり、見えては困る存在でもある。そのニーズは、〔一般的な生産者〕が〔一般的な消費者〕の目から「動物」を見えなくすることによって満たされ、〔一般的な消費者〕は「動物」を見ることなく「肉や卵、乳製品」を食べることができているのである。

このようなあり方に、正面からノーを突きつけるのが〔動物目線の消費者〕である。〔動物目線の消費者〕は、〔一般的な生産者〕が見せたがらない畜産動物の飼養実態や屠殺現場の情報を自ら収集し、動物が置かれている状況を動物の目線で見て取り、畜産動物の扱いについて疑義を唱える。〔動物目線の消費者〕が〔一般的な消費者〕と立場を異にする最大の特徴は、ひとに向けて加工された「肉や卵、乳製品」ではなく「動物」そのものに注目する点だろう。〔動物目線の消費者〕は、〔一般的な消費者〕が目を背ける動物の生々しさを直視し、そこから目を背けるどころか動物が味わう痛み、苦しみ、不快感、恐怖などを、動物の習性や彼らが置かれた環境を踏まえてより具体的に感じ取ろうとする。そして、そうした苦痛をひとが動物に押しつけることは「間違っている」と考えるのである。〔動物目線の消費者〕は、動物を、動物が暮らす環境と切り離さずに観察する。例えば、日本の養鶏場の九二パーセントが採用するバタリーケージの中で、多くの鶏が羽を伸ばすことすらできないくらい狭く床の傾いた金網の中で仲間とひしめき合って過ごしていること、養豚場の八八・六パーセントが妊娠ストールを使用している状況で日本の豚の多くが身動きの取れない環境でその生涯を過ごすこと、七二・九パーセントの酪農場の乳牛が二四時間三六五日牛舎に短い紐でつなぎ飼いされていることを踏まえ、〔動物目線の消費者〕は動物の過ごす環境があまりにも酷く、世界のアニマルウエルフェア標準からも大きく逸脱していると問題視する。物理的空間だけではない。屠畜場に向かうトラックや列車や貨物船にすし詰めにされ、屠畜場に到着した後も屠殺までの間、水も餌も与えられない劣悪な環境に長時間動物を置くことは、動物に対して持続する不快と痛み、怪我、病気、恐怖を与え、それを放置する道徳的に許されざる行為であると〔動物目線の消費者〕は考える。

こうした工場型畜産の非人道的な行為が容認される原因となっているのが「肉や卵、乳製品」の高い需要であるため、需要と供給の負の連鎖を断たない限り、動物に対する非道な扱いはなくならない、と彼らの多くは考える。安くておいしい動物性食品を求める消費者がいる限り、〔一般的な生産者〕はその供給の手を緩めない。需要と供給の連鎖を断ち切るためには、〔一般的な消費者〕の協力が不可欠なのである。〔動物目線の消費者〕が街頭に出て工場型畜産の実態を伝えたり、畜産農家や企業などに働きかけたり、アニマルウエルフェアに配慮した食品を開発・促進するのは、この需要と供給の負の連鎖を断ち切るためのアクションなのだ。

〔動物目線の消費者〕が抱く道徳的認識を根底から支え、動機づけているのは、動物への「共感」である。例えばその共感とは、動物たちが痛みや苦しみ、病気や障害を避け、家族や仲間とともに過ごしたい欲求を持っていながら、その欲求が来る日も来る日も満たされず、その不満の解消の手段すら与えられていないときに、動物たちはどんなことを思うだろうかと想像してみることである。〔動物目線の消費者〕が考える動物の欲求とは、いわゆる「六つの自由」、すなわち①飢えと渇きからの自由、②不快からの自由、③痛みや怪我、病気からの自由、④自然な行動をする自由、⑤恐怖や苦痛からの自由、⑥前向きな経験をする自由である。この「六つの自由」が彼らの共感の拠り所となり、動物のどのような欲求がどの程度満たされているのか満たされていないのかということを気にかけ、動物が示す表情・仕草・鳴き声・行動、動物が過ごす環境の中にその判断の手がかりを見出しているのである。

実は、この共感や気がかりは〔動物目線の消費者〕だけが抱くものではなく、〔動物目線の生産者〕や〔一般的な消費者〕にも見られていた。例えば〔動物目線の生産者〕は、工場型集約畜産や介護畜産での動物の飼養実態に対して「生き物を機械と同じように扱ってよいのか」という疑問を抱き、畜産動物の受けるストレスを可能な限り排除し、できるだけ自然な環境下で、一個体ずつ大切に動物を育てようと試みていた。放牧型の畜産・酪農を実践し、ストレスの少ない環境で健康レベルを高めて無投薬飼育に取り組んだり、動物の成長過程や消化機能に適した良質の飼料を与えたり、飼育する動物の数を制限して健康状態を細かく確認したり、各個体に名前をつけ愛情をかけて育てたりと、多様な方法で家畜のアニマルウエルフェアの向上を目指していた。工場型畜産が大多数を占める日本ではまだこのような取り組みを行う畜産農家は少数であるが、彼らがその畜産スタイルを貫くことができるのは、そこに「生き物を機械と同じように扱ってよいのか」という疑問、すなわち「肉や卵、乳製品」ではなく生き物としての「動物」そのものへの眼差しがあるからである。

その一方で、〔動物目線の生産者〕は、動物が「肉」として出荷に適した時期がきたり「卵、乳製品」を生産できなくなったりした場合は、たとえ手塩にかけて育てた動物であっても、動物たちを屠畜場に送る。〔動物目線の生産者〕にとって動物はあくまで畜産動物だからである。「ストレスのない環境の中で家族のように可愛がられた家畜から生まれる食べ物は人間にとって安全で健康的」という発言に見るように、〔動物目線の生産者〕には、ひとにとって最良のものを作り届ける生産農家としての強い責任感とプライドがある。彼らにとって動物への愛情は、畜産動物が最終的な死を迎えるまでの飼育過程において精一杯注ぐべきものであって、あくまで動物を殺すことを前提とした上での動物への配慮なのである。畜産とは、動物を「殺すために飼う」ことである。〔動物目線の生産者〕は、この事実が消費者から見えにくくなっている現状を憂い、むしろその事実を人々が意識することを望む。工場型畜産方式の問題は、「食べることと飼うことが切り離されている」ことにより、人々が食べる「肉や卵、乳製品」がどのようにして作られているのかが、人々から見えなくなっていることにある。自分たちが食べているものが、不自然な環境でストレスを受けながら育つ動物たちであることに気づき、そのようなあり方を変えていくためには、「肉や卵、乳製品」と「動物」そのものとを切り離さない視点こそが大切なのである。〔動物目線の生産者〕は、ひとがどのような物を食べるべきか、食べ物としての動物をどのように育てるべきか、何を食べさせて動物を育てるべきかという問いに真摯に向き合うことが、ひとのため、動物のため、ひいては地球のためになると考える。そのために彼らは、愛情をかけて育てた畜産動物を殺す現実を包み隠さず、「この子が肉になりました」と告知することに大きな意義を見出す。

〔一般的な消費者〕の中にも、「肉や卵、乳製品」ではなく「動物」そのものの存在を意識する人々が少なからず存在する。彼らは、「生き物の命への敬意を忘れてはいけない」「すべての動物がひとに食べられるために生まれてきたという考え方は傲慢」「食べる行いが他の命ある存在をいただくという感覚から離れることは恐ろしいこと」などの言葉で、命ある動物への気づかいを表現する。彼らにとって「いただきます」という食前の挨拶は、ひとは動物の肉を食べなければ生きていけないと前提した上での動物への感謝の思い、自分たちのために犠牲となる動物たちへの罪滅ぼしの姿勢の表れなのである。

2 動物の見え方の違いを生み出す構造――アフォーダンスの視座から

第1節の（1）項では動物園の動物に対する見方を、（2）項では畜産動物に対する見方を、ひとの立場の違いに着目して整理した。立場によって動物の見方が違い、見えているもの（と見えていないもの）も大きく異なっていることが見て取れた。ところで、ここで言う「立場」とは何なのか。立場とは一般に、ものの見方・考え方の拠り所や観点のことを言うが、もっと具体的に言うと、文字通りそのひとが立っている場所のことである。立場の異なる人々は、それぞれにどんな場所に立っているのだろうか。その場所を明らかにすることは、それぞれの立場において動物の見方の違いを生み出す仕組みを、より俯瞰して捉えることに役立つだろう。場所を明らかにするには様々な方法があるだろうが、本書ではアフォーダンス理論を援用してみたい。

アフォーダンス（Affordance）とは、アメリカの生態心理学者、ジェームズ・J・ギブソンによって造られた概念である。英語で「与える、提供する」を意味するアフォード（afford）を名詞形（-ance）にしたものであるから、「与えるもの、提供するもの」といったところだろうか。ギブソンによるアフォーダンスの定義は次の通りである。

環境のアフォーダンスとは、環境が動物に提供する（offer）もの、良いものであれ悪いものであれ、用意したり備えたりするもの（provide or furnish）である。（Gibson, 1979＝一九八五、一三七頁）

少しわかりにくいこの概念を、ギブソンは例を挙げて説明している（同書、一三七―一三八頁）。もし陸地の表面がほぼ水平で、平坦で、十分な広がりを持ち、その材質が硬いならば、その表面は支える（support）ことをアフォードする。それは支える物の面であり、私たちはそれを土台、地面、あるいは床と呼ぶ。それは、上に立つことができるものであり、四足歩行や二足歩行の動物に直立の姿勢を許す。さらにそれは上を歩くことも、走ることも可能にする。いま挙げた四つの特性、すなわち水平、平坦、広がり、硬さは、面の物理的特性を示したものだが、それを「アフォーダンス」と呼ぶときその四つの特性は、それを利用する動物との関係で測られなければならない。これらの特性はそれぞれの動物に固有なものであって、あらゆる動物にとって共通する普遍的なアフォーダンスというものは存在しない。例えば、ミミズにとってスムーズな移動をアフォードする適度に柔らかい地面は、ひとにとっては長靴を履いて時間をかけて歩くことをアフォードする柔らかすぎる地面である、というふうに。

アフォーダンスはこのように、動物の行動と関係して決まってくる環境の特性について述べた概念である。ある環境はある動物にとって、住んだり寝たり隠れたりすることをアフォードする。しかしながら、環境は動物にとって都合のよいものばかりではない。危険や病気、怪我、不快、恐怖、ストレスをアフォードする環境もある。火はそれに近づく動物に熱傷をもたらし、崖っぷちはそこを歩く動物に落下をアフォードする。

このように、アフォーダンス理論において「環境」とそこに生活する「動物」とは互いに切り離すことのできない対概念となっている点が特徴である。ギブソンにおいて「環境」という用語は、知覚し行動する生活体、すなわち動物を取り巻く生活世界を指しており、一方の「動物」とは、知覚し自発的に動く能力を持つ環境の知覚者であり、環境内での行動者を意味している。したがって、「動物」にはひとも含まれるが植物は含まれない。植物も生活体だが、植物は神経組織や筋組織を持たず、自発的に行動することはないため、ギブソンの言う「動物」には含まれていないのである（同書、七頁）。

さて、アフォーダンスの知覚とは、環境中の対象が動物にとって「何であるか」についての知覚である（河野、二〇〇三、七一頁）。ギブソンは言う。

> 対象は、それが何を為すか（What it does）を提供する。なぜなら、「それが、何を為すか」ということこそが、「それが何であるか（What it is）」に他ならないからである。たしかに、私たちは、それが何かを、物理学的物理学（physical physics）によって定義するよりは、生態学的物理学（ecological physics）によって定義するのである。それゆえに対象は、そもそも、意味や価値を有している。（Gibson, 1979＝一九八五、一五一頁、訳文は一部変更した）

ひとや動物は、環境内にあるアフォーダンス、すなわち環境が自分に提供するものを、「それが、何を為すか」として知覚する。その面はその上に私を立たせるものなのか、私を下に沈めるものなのか。その食物は私の食欲を促進するものなのか、減退させるものなのか。私を和ませるものなのか、悲しませるものなのか。ひとや動物にとって環境は、それを用いたりその中で行動したりするひとや動物にとって「何を可能にするのか」という意味や価値を帯びている。その意味や価値が、そのひとや動物にとっての環境のアフォーダンスである。「環境は、動物がなしうることをその中に含んでいる」(同書、一五六頁)のである。

分厚い氷がその上でひとや動物を歩かせ、薄い氷がその上に乗ったひとや動物を落下させるように、アフォーダンスとは、それに対してひとや動物が関わる(行動する)ことで、ある出来事が生じてくるような環境の特性を指している(河野、二〇〇七、四一頁)。そうした意味で、アフォーダンスは、動物にどのような行為が成立可能かを知らせている特性であり、行為を開始したり、続行したり、停止したり、変化させたりする。アフォーダンスを知覚することで、ひとや動物は出来事を予期し、自分の行為をコントロールするのである(同書、四二―四九頁)。

安全や有益など、動物やひとにとって望ましい結果を導く行為を可能にするアフォーダンスを「正(プラス)のアフォーダンス」と呼ぶとすれば、その逆で、危険や有害など、望ましくない結果を導くアフォーダンスは「負(マイナス)のアフォーダンス」と呼べる(Gibson, 1979＝一九八五、一四九頁)。負のアフォーダンスを知覚するひとや動物は望ましくない出来事を避け、自分の身を守るために何らかの行動を取るのが普通である。その環境をすぐに離れることもあれば、あえてその環境にとどまり続けて環境を変えようと努力する場合もあるだろう。

なお、ここまで環境という概念を特に定義せずに用いてきたが、アフォーダンス理論で言う環境には、自然環境だけではなく人間的環境も含まれている。人工的に形成された場所、建築物や道具などを伴った人工的環境、さらに人間関係や、法や慣習のような制度で成り立つ社会的環境も含まれる、幅広い概念である（河野、二〇〇七、四六頁）。中でも動物にとって最も豊かで精緻なアフォーダンスの発信源は、ギブソンによれば、他の動物である（同書、一二四頁）。他のひとやひと以外の動物、つまり自己と対立するものとしての他は、たとえそれらが生命を宿すものであるとしても、生態学的には「対象」として位置づけられる。

> 動物や人は、普通の対象とは非常に違うので、乳幼児は動物や人を、植物や生命のない事物と区別することをすぐに覚えてしまう。動物や他人は、触れば触り返すし、叩けば、叩き返す。つまり観察者と相互に関係し合う。行動は行動をアフォードする。（中略）性的行動、養育行動、闘争行動、協働的行動、経済的行動、政治的行動――これらすべての行動は、他人がアフォードするものを知覚することに、ときにはそれを誤って知覚することに依存している。（Gibson, 1979＝一九八五、一四六―一四七頁）

生命のある他者は、単なる対象ではないが、それでもやはり自己とは区別される対象であり、自己か

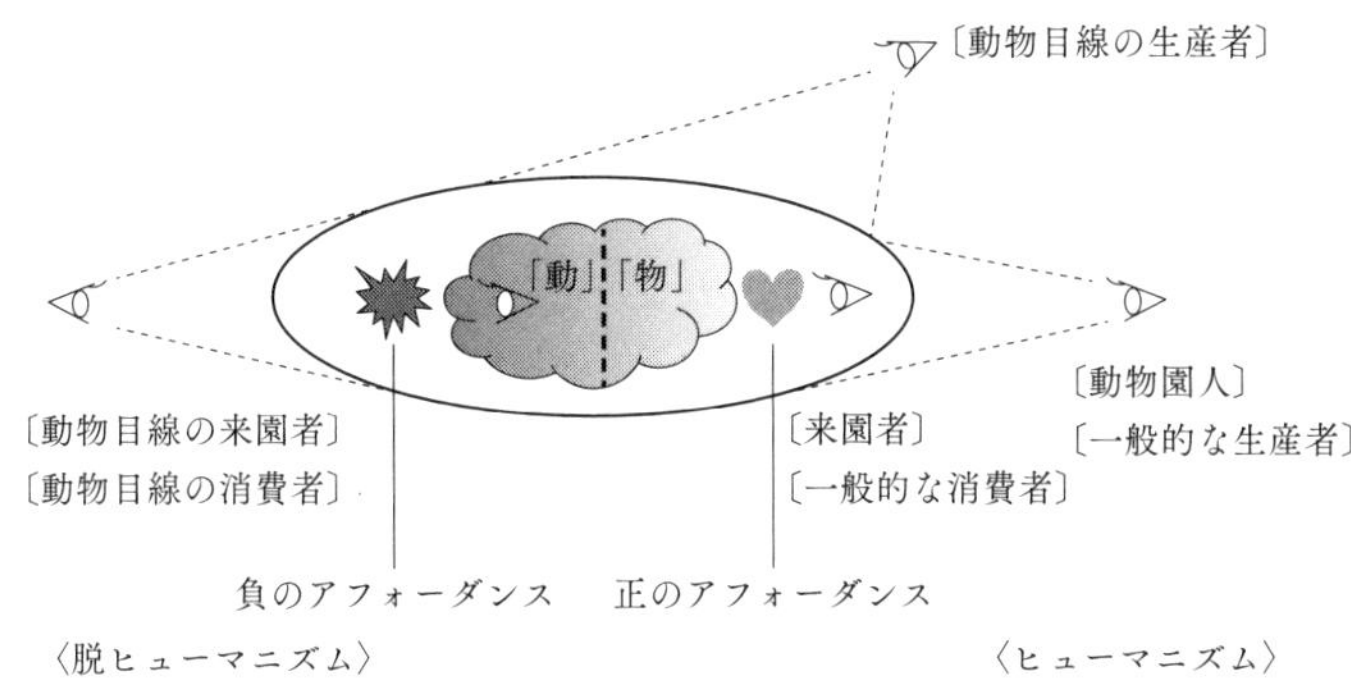

図1　ひとの立ち位置の概念図

ら見た環境である。彼らが何をしているか、何を要求しているか、何を感じているかなどを特定する情報は、他者である環境から与えられているのである。

アフォーダンス理論に関する概念や命題はまだまだたくさんある。しかし、これから私が論じようとする話に関連する情報は、これで十分だろう。以下、これまで概観してきた人々の動物の見方の違いがどのようにして生じているのかを、アフォーダンスの概念を用いながら、それを見るひとの立ち位置に着目して検討したい。

図1をご覧いただきたい。これは、これまで登場した様々な人々の動物の見え方の違いを、その立ち位置の違いとアフォーダンスの知覚という観点から検討し、図式化したものである。中央に位置するのは「動物」であり、その周囲を囲む太い円で動物を取り巻く「環境」が示されている。瞳のマークは、様々な立場でのひと、または動物の目線を表している。

ハートのマークを挟んで動物を見るのは、動物園の〔来園者〕と〔一般的な消費者〕である。彼らはある意味、最も動物の近くにいて、動物のいる生活を楽しむ人々である。〔来園者〕は自分の好みの動物の姿を見て満足感を覚え、〔一般的な消費者〕は好みの動物を食べることを通して幸福感を味わう。しかし、〔来園者〕と〔一般的な消費者〕の関心はそこまでだ。動物の行動や動物の置かれた環境はほとんど彼らの視界に入っておらず、したがって、彼らが関与する動物の心身の状態を観察したり動物の身体的・精神的ストレスを気にしたりすることはまずない。彼らにとって関心があるのは、生身の「動物」そのものというより「自分たちのニーズに応えてくれる動物」である。見たいのは〔来園者〕や〔一般的な消費者〕に喜びを与えてくれる対象物であり、動物が持つ動的な生命、個々の動物の個性ある生き様などではない。彼らは、珍しい動物を見て新鮮な気分になったり、おいしい肉に舌鼓を打ったりと、自分に望ましい結果をもたらす「正のアフォーダンス」を、動物の「物」的側面において知覚する。一方、その陰に見え隠れする動物そのものの「動」的な側面には焦点が合わないか、あえて合わせようとしない。それは、動物はあくまで「物」であって、反射や反応として多少の動きを伴うことはあっても、動物は感情や能動的な意思、いわゆる「心」を持たないと捉えているせいなのか、あるいは、「正のアフォーダンス」がもたらす幸福感や満足感が彼らの心を占領してしまい、動物もきっと自分と同じように幸せに違いないと信じ込み、思考が停止するからなのかもしれない。

実際、「正のアフォーダンス」以外の意味や価値を知覚するのは、そう簡単なことではない。例えば、〔来園者〕が、動物園の動物の行動が何を意味するか、動物が暮らす場所が動物にとって望ましい環境かを見て取るには、動物の生態や行動、至適環境に関するある程度の知識が必要とされる。しかし、多くのひとはそうした知識を持たずに来園するため、動物園の動物を通して「負のアフォーダンス」を知覚するすべを持たない。事実、動物園というのはそうした知識がなくても楽しめる場所であり、むしろ知識を持たない者のほうがそのレクリエーション機能を十分に堪能することができるのである。一方、畜産動物の〔一般的な消費者〕は、肉食が健康や地球環境にもたらす弊害について何らかの情報を得ていることが多く、中には動物の「命をいただく」ことに対して良心の呵責を多少なりとも感じているひともいる。この点において彼らは、動物園の〔来園者〕よりも知識豊富な消費者と言えるのかもしれない。しかし、実際に畜産動物がどのような環境でどのように生まれ、育てられているのか、どのように屠殺されるのかといった情報を得る機会は生活の中にほとんどない。自ら踏み込んでそうしたことを知る動機もきっかけも少ない。となれば、結局は畜産動物から「負のアフォーダンス」を知覚することは難しく、思考停止状態にとどまっているのが現状であると考えられる。

〔来園者〕や〔一般的な消費者〕の背後にいて、彼らの目線を注視する人々、それは〔動物園人〕と〔一般的な生産者〕である。〔動物園人〕は〔来園者〕がどのように展示動物を見ているかを気にかけ、〔一般的な生産者〕は〔一般的な消費者〕がどのような肉・卵・乳製品を望んでいるかを把握して、〔来園者〕や〔一般的な消費者〕が知覚する「正のアフォーダンス」を最大化するように、動物とその環境に働きかける。例えば、「動物園の動物は動かないからつまらない」という〔来園者〕の声を踏まえ、「動物の凄さ」を感じられるような行動展示に踏み切った「旭山動物園の奇跡」は、〔動物園人〕による動物とその環境への働きかけの典型例であろう。〔一般的な生産者〕については、畜産動物の品種改良の歴史それ自体が、「正のアフォーダンス」を最大化する過程を映し出す壮大な物語と言える。短期間にできるだけ多くの質のよい肉・乳・卵を生産することができる動物を作り出すために、〔一般的な生産者〕は日夜研究を重ね、長い年月と莫大な経費をかけて、栄養による成長コントロールや飼養環境の調整、繁殖技術を駆使する。「商品ロス」を減らすために動物の身体の部分切除を行うことや、出荷・屠畜・解体・加工の工程を安全に、衛生的で能率的に行うことにも余念がない。

彼らの情熱は無論、経済的利益に方向づけられているが、しかしその根底には、「動物たちのことをもっと知ってもらいたい」という〔動物園人〕の願いや、「より質のよい食べ物としての動物たちをより効率よく作り出し、人々の生活に寄与する」という〔一般的な生産者〕の利他的な目標が存在する。〔来園者〕や〔一般的な消費者〕とは異なり、〔動物園人〕と〔一般的な生産者〕は、動物だけではなく動物が置かれている環境を視野に入れ、動物の行動や習性を変えるためには環境に働きかけることが不可欠であることを知っている。しかしながら、その活動の目的は、動物の利益を最優先に考えた環境の改善というよりも、〔来園者〕や〔一般的な消費者〕の利益を重視した環境の改変であり、動物ではなくひとにとっての「正のアフォーダンス」をより高めていくことにある。その意味で、〔来園者〕〔一般的な消費者〕〔動物園人〕〔一般的な生産者〕はすべからく、自分を含む「ひと」を中心に世界を眺めるひとであり、人間中心主義（人間にとって人間が最高で、人間性こそ尊重すべきものだとする態度や世界観）という意味での〈ヒューマニスト〉であると言えよう。

この立場と対極にあるのは、〔動物目線の来園者〕と〔動物目線の消費者〕である。彼らは人間の目からでなく、動物の目を通して動物を取り巻く世界を見ることを試みる。本来なら食べ物を探して群れを組み、一日何十キロメートルも移動するはずの動物が、狭い動物舎で来る日も来る日も孤独に過ごすとき、彼らは一体何を感じるのか。頭さえ満足に動かすこともできない場所に拘束され、自分や仲間の排泄物の上で寝起きするしかない動物たちは、一体何を感じるのか。

〔動物目線の来園者〕と〔動物目線の消費者〕は、あらゆる動物が基本的には感覚や感情を持って主体的に生きる存在であり、ひとがその生を自由気ままに扱うことは道徳的に許されないと考える。彼らは動物一頭一頭、一羽一羽、一匹一匹が生きていること、すなわち動物の「動」的側面に注目しているのである。すべての動物は苦痛を避け、喜びを希求する存在であるにもかかわらず、動物園の動物や畜産動物の扱われ方はどうだろう。動物たちは自身の喜びを希求することはおろか、苦痛を避けることすら許されない。その痛みと苦しみ、恐怖、怒り、不安、悲しみ、孤独、絶望などは、まさに彼らがその環境に知覚する「負のアフォーダンス」と言えるだろう。自分だったら絶対に耐えられるはずがない、と〔動物目線の来園者〕と〔動物目線の消費者〕は想像する。

ひとである限り動物そのものになり代わることはできないが、〔動物目線の来園者〕と〔動物目線の消費者〕は動物の「生きている感覚」に対する共感（Coetzee, 1999＝二〇〇三、五頁）を持って彼らを見つめ、動物をよりよい仕方で扱うことはできないだろうかと考える。彼らが、ひとに共感する想像力を、ひと以外の動物に向けることをためらわないのは、ひとは動物の種の一つであることを、彼らが忘れていないからかもしれない。動物の一種であるひとが自分以外の人間に共感することができるなら、その共感をひと以外の動物に向けることに確かに矛盾はない。しかも、動物はひとが理解できる言葉を通して自らの苦境を訴えることができない。他者の感情や感覚している世界を理解し、その理解を持って自分の行動を導く共感という原初的な本能を、ひとに比べて圧倒的に不利な状況に置かれている動物のために発動することに、いったい何の躊躇があろうか？

しかし、もちろんひとは動物園の動物や畜産動物そのものではないから、動物の感情や感覚を理解するといってもその共感能力には限界がある。その限界を超えるために、〔動物目線の来園者〕と〔動物目線の消費者〕が頻繁に活用しているのが動物の生態に関する科学的知見である。本来動物たちはどのような環境で生命現象を営み、どのように環境に適応し、どのように社会を作っているのか。そうした知識を利用することにより、彼らはひとによる想像の限界を超え、動物園の動物や畜産動物の感覚や感情に接近することを試みている。

このように〔動物目線の来園者〕と〔動物目線の消費者〕は動物の目線から世界を眺め、そこに見出される「負のアフォーダンス」を知覚している。逆に言えば、「負のアフォーダンス」は動物の視点に立たなければ見えないものである。動物の視点に立たなければ、〔来園者〕や〔一般的な消費者〕がそうであったように、ひとは自分に望ましい結果をもたらす「正のアフォーダンス」を、動物の「物」的側面において知覚してしまうのであろう。〔動物目線の来園者〕と〔動物目線の消費者〕は、そのような視点の逆転装置として「共感」と「科学的知識」をほとんど無意識的に、時には意識的に、積極的に活用する。

そして、彼らは「負のアフォーダンス」を減らすべく、動物園を利用しない、動物性食品を消費しないかその消費を最小限にする、動物園の動物や畜産動物の処遇改善を求めて活動を行うなど、様々に行動する。その行動は、ひとの利益に直接つながるものは少ないが、動物の環境を改善し、動物にとっての「正のアフォーダンス」を高めることにつながりうる。その意味で、〔動物目線の来園者〕と〔動物目線の消費者〕は「ひと」ではなく「動物」を中心に世界を眺めるひとであり、動物搾取をもたらす人間中心主義から脱し、そこから距離を置く〈脱ヒューマニスト〉であると言えよう。

以上の関係図に、未だ位置づけられていない人々がいる。それは〔動物目線の生産者〕である。彼らは工場型集約畜産が動物にもたらす厳しい現状を踏まえ、動物の身体的・精神的苦痛を軽減する飼育方法の大切さを主張し、放牧型畜産・酪農を実践することによって動物の行動の自由を高めることや地球環境保全に取り組む。「生き物を機械と同じように扱っていいのか」という問題意識を持ち、動物の目線から世界を眺め、そこに知覚される「負のアフォーダンス」を問題視するという点で、彼らは〔動物目線の来園者〕や〔動物目線の消費者〕の立ち位置、すなわち〈脱ヒューマニスト〉に近い。事実、彼らは動物が最終的な死を迎えるまでの飼育過程において動物を愛情豊かに育てる。

しかし、この愛情はあくまで動物を殺すことを前提とした上での動物への配慮である。〔動物目線の生産者〕は、畜産とは動物を「殺すために飼うこと」という事実が消費者から見えにくくなっている現状を疑問視し、その現状を変えようと試みる。〔動物目線の生産者〕は、ひとがどのような物を食べるべきか、食べ物としての動物をどのように育てるべきか、何を食べさせて動物を育てるべきかという問題に真正面から取り組むことが、ひとのため、動物のため、ひいては地球のためになると考える。このように〔動物目線の生産者〕は、動物が知覚する「負のアフォーダンス」を減らすべく最大限に努力するという点で〈脱ヒューマニスト〉の立ち位置にあるが、その一方で、ひとにとって最良のものを作り届けることによって、ひとが動物に知覚する「正のアフォーダンス」を最大化しようともする。この立ち位置は、ある意味においては強力な〈ヒューマニスト〉であるとも言える。

以上、動物をめぐるひとの立ち位置を概観した。動物と動物が暮らす環境に対してひとは全く異なる価値や意味、すなわち「正のアフォーダンス」や「負のアフォーダンス」を知覚していた。この違いを作り出しているのは、動物との関係の結び方であった。〔来園者〕や〔一般的な消費者〕は、彼らが求める価値や意味（満足感、幸福感、健康観、充実感など）をそなえる動物やその加工物（肉・乳製品・卵）に「正のアフォーダンス」を知覚し、〔動物園人〕や〔一般的な生産者〕に対価を支払い、動物園や畜産・加工業というシステムを存続させていた。一方、〔動物目線の来園者〕や〔動物目線の消費者〕は、動物の目線を通して世界を眺め、動物に恐怖と苦しみを与えるその環境に「負のアフォーダンス」を知覚していた。動物の視点に立つための逆転装置として、彼らは共感や科学的知識を用いていた。そして、そうした「負のアフォーダンス」を再生産しないように、動物展示業や畜産・加工業の直接の担い手である〔動物園人〕や〔一般的な生産者〕に動物の管理方法や飼養環境の改善を要求したり、〔来園者〕や〔一般的な消費者〕に対して動物園や畜産・加工業というシステムがもたらす「負のアフォーダンス」について啓発し、動物利用の需要を減らすように働きかけたりしていた。さらに、〔動物目線の生産者〕は、動物や地球環境にネガティブな影響を与える工場型畜産方式に「負のアフォーダンス」を知覚し、それを可能な限り減らすことで、消費者に必要とされる「正のアフォーダンス」を最大化しようと試みていた。

アフォーダンスは、それを知覚するひとに、対象が何であるか、それが何を為すかということを定義づける（河野、二〇〇七、四八―五〇頁）。例えば、動物に「正のアフォーダンス」を知覚する人々、すなわち〔来園者〕や〔動物園人〕にとって動物園の動物は「展示物」として、〔一般的な消費者〕や〔一般的な生産者〕、〔動物目線の生産者〕にとって畜産動物は「商品」として、それぞれ定義づけられていた。もちろん、彼らにも動物を愛する気持ちはあるだろう。しかし、彼らに動物への愛情があるか否か、どのぐらい深く愛しているかにかかわらず、動物園や畜産・加工業は、動物が「展示物」として鑑賞され、「商品」として売買されることによって成立する。〔来園者〕〔動物園人〕〔一般的な消費者〕〔一般的な生産者〕〔動物目線の生産者〕にとって動物は先ずもって「展示物」や「商品」であり、人々に精神的・身体的な充足感、心地よい刺激を与え、経済的利益をもたらす有益な存在であった。

一方、動物に「負のアフォーダンス」を知覚する人々、すなわち〔動物目線の来園者〕や〔動物目線の消費者〕にとって動物は、「展示物」や「商品」として定義づけられていなかった。彼らはひとと動物はともに痛みや苦しみを感じる能力を持つことを認めた上で、ひとがむやみにその利益を奪ったり損ねたりすることは慎まなければならないと考えていた。このような考え方は、哲学用語で「平等な配慮の原則」と呼ばれる。ひとと動物が同等の利益を持つなら、特別な理由がない限り両者の利益を同等に扱うべきとするこの考え方は、〔動物目線の来園者〕や〔動物目線の消費者〕に共通していた。彼らは動物を、センチエンス、すなわち感覚と情感、主体的意思をそなえた「動」的な存在として定義づけており、ひとが「展示物」や「商品」として自由に扱うことが許される「物」的存在とは見なしていなかった。

第3章 ひとと動物、環境の倫理的つながり

第1章ではひとから見える動物の多様なありようを概観し、第2章ではそのような動物の様々な見え方を生み出す仕組みを、アフォーダンスという概念を手がかりに検討した。そこでは、正のアフォーダンスから負のアフォーダンスまで、ひとが動物の中に見て取るものは大きく異なり、その違いを生み出しているのは動物を見ているそのひとの立ち位置であることが浮かび上がってきた。動物の見え方とアフォーダンスは、そのひとが動物とは何であるか、動物が何を為すかということを定義づけるものである。ざっと分類するなら、動物をひとに利益をもたらす「物」（展示物や商品）として捉えるひとは動物園の動物や畜産動物に正のアフォーダンスを探し出そうとし、一方で、動物とはそれ自身が主体的意思をそなえた「動」的な存在と捉えるひとは動物たちに負のアフォーダンスを見て取っ

ていた。前者の人々は、動物よりもひとの生命や生活を重視する〈ヒューマニスティックな世界観〉を持っており、後者の人々は、そうした人間中心の世界観に対して違和感や拒否感を覚える〈脱ヒューマニスティックな世界観〉を持っていた。

なお、それぞれの立場にどのくらいの人々が分布しているかという数量的な側面についてこれまであまり言及してこなかったが、社会のマジョリティはと言えば、おそらく前者の世界観を持つ人々であろう。「おそらく」と言ったのは、裏づけとなるデータが揃っていないからであるが、第1章で紹介したように日々流通する動物性食品の多さやその生産・消費活動の活発さ、非ベジタリアン・非ヴィーガン人口の多さはそのことの一端を反映してはいるだろう。〈ヒューマニスティックな世界観〉を持つ人々、すなわち動物よりもひとの「生」を優先し、動物をひとに従属する「物」として捉えて動物に正のアフォーダンスを見出そうとする人々は〈脱ヒューマニスティックな世界観〉、すなわちひとにとっての価値を偏重する世界観に疑問を抱いて「生」が大事にされていない動物に負のアフォーダンスを見出す人々よりも大きな声を持ち、より大きな経済的・政治的パワーを持って社会を動かしている。

では、私たちはここからどこに進もう？　「立ち位置によって動物の見え方が異なっているのは当然じゃないか。だからどうしたというのだ？」「そうだよ。価値観というのはそういうものだ。みんな違ってそれでいいじゃないか」「大勢のひとが支持することは、社会にとって望ましいことでもあるんだ」「何が善くて何が悪いかなんて誰にも決められない。絶対なんてこの世に存在しないんだ」

といった様々な声が聞こえてきそうである。確かに多様性を認め合う社会は大切であり、多数派の意見を尊重することはより多くの幸福につながるのかもしれない。でも、待ってほしい。つまりそれは、社会の流れに身をまかせ、世間の言うなりになり、世界で起きている様々な問題から目を逸らすことも意味する。少数派の存在を無視してもいる。自然から隔離され、ズーコシスに陥っている動物園の動物たち。無麻酔で体の様々な箇所を損傷され、ストレスや疾病に苦しむ畜産動物たち。コンテナやトラックに入れられて長時間移送され、屠畜場で空腹や口渇、寒さや暑さに耐えつつ拘束され、最後には殺される動物たち。動物由来感染症の拡大防止のために大量に殺処分される動物たち。生息地に食糧がなくなり人里に降りて捕獲され殺処分される動物たち。温室効果ガスや大気・土壌・海洋汚染、人為的火災により息絶える動物たち。絶滅危惧種の動物たち。彼らのことはどうなるのか？　自然環境はどうなるのだ？　ひとを含む動物や地球生命体の将来は今後どうなってしまうのか？　そもそも善悪は本当にこの世に存在しないのか？　突破口はどこにも見つからないのか？

最終章となる第3章では、こうした問題について考える。まず、私たちが囚われている主観主義の呪縛について検討し、動物問題に関する善悪を考えるポイントを整理する。次に、動物に関する倫理的問題を考える鍵となる知識と共感の概念を吟味し、利他的な感情の働きの本質や重要性について様々な学問分野の知見を踏まえて検討する。加えて、共感を阻害する要素や共感の難しさについても検討し、従来のヴィーガニズムの問題点と課題を考察する。最後に、自分が見ているものを疑ってみるアウトロスペクションの概念とその方法論としてのアフォーダンスの概念の重要性を踏まえ、ひと以外の動物とひととの関係を再考し、ひとと動物と自然との共生のあり方について提言する。

1　主観主義のわな

あなたは、何かについて議論しようとしたときに相手から「それはあなたの個人的な考えでしかない」「あなたが何を考えていようと自由だが、自分の意見を押しつけないで」と返答されて対話の窓を固く閉ざされたことがないだろうか。SNS上で肉食反対を訴える動物活動家のコメントに対する肉食者からの反論を見ていても、この手のやりとりはよく目にする。「ひとが何に価値を感じるかは、ひとそれぞれだ」「みんな別々で、それでいいんだ」と一方的に結論づけられ、議論が深まらないことも少なくない。

「みんな別々で、それでいい」という言葉は、表面的には耳障りのよい表現であるが、この言葉が最終的に行き着くところは「何でもあり」という相対主義である。一つひとつの個性を吟味しなくなり、自分にとって都合の悪い意見は「あなたの個人的な考え方ですね」という一言で片づけるのにも便利な言葉である。個別的・個性的な価値は強すぎる自己主張と非難され、公共空間では自分勝手なものとして排除されてしまうだろう。

このように、私たちが真実であると考えること、主張することはなんでも、個人的な意見や好みの問題にすぎないとする説は「主観主義」と呼ばれる（Schwandt, 2007＝二〇〇九、一一一頁）。それは、ひとが行うおよそすべての判断や主張は、個々の発話者の感情や態度や信念の報告にすぎないという考え方である。主観主義の考え方の基底には、古代ギリシャの哲学者であるプラトンが説いたイデア論がある。イデア論は、ある物事の完全な姿（真実）は天上界にのみ実在するのであって、地上で私たちが知覚する物体や私たちが考えることは、その天上界に存在する真実の「影」のようなものだとする思想である。この思想に従えば、現実世界において真実は存在せず、私たちが「これが真実ではないか」と考えるものはすべて真実の「影」にすぎず、その主張の正しさを完全に証明することは不可能だということになる。プラトンはソクラテスの弟子であり、かつアリストテレスの師にあたる。紀元前四世紀のプラトンの思想は西洋哲学史に絶大な影響を与え、今日の私たちの生活にも様々な面で浸透している。

このような主観主義は道徳の領域にも応用される。「道徳はそれぞれの社会や時代、文化によって多様である。道徳もひとの主観に依存しているので、『正しい知』や『妥当な知』があるかどうかは誰も知りえない」という具合である。このような個人主観主義は、多様性を認め合うというような平和的な意味合いもあることから、現代人に広く受け入れられやすいだろう。その一方で、主観主義は、どの解釈も同等だとして真理の存在を否定する倫理上の「相対主義」を導き、大勢に負の影響を与えると想定されたマイノリティの見解をマジョリティが排除する排他的思想とも親和性が高く、権力のもとに都合よく利用されてしまう危険性をはらんでいる。

確かに価値はひとの立ち位置によって多様な形で見出されることは、本書でも確認してきた通りである。だから、それを主張すること自体が問題なのではない。問題は、価値の多様性を、主観という狭苦しく不確かな領域に閉じ込めてしまう点にあるのだ（河野、二〇〇七、一一二頁）。河野は言う。

主観主義は、価値を私秘的な空間に閉じ込める一方で、公的空間を法的なもの・一般的なものに占拠させるにまかせてしまう。（中略）公的空間を現実的に改変することは許されず、そのルールには異議申し立てすることはまずできない。居心地の悪い公的空間にも、「心の持ちようを変えれば適応できるはずだ」と諭される。（中略）主観主義の問題はその無力さにあるのだ。（同書、一一二―一一三頁）

主観主義が蔓延する社会では、公的空間で共有される善悪は実在しない。何が善くて何が悪いかは、その判断基準も含めて、個々人で違うものとされるからである。そのような社会では、民主主義的な問題提起や問題解決のプロセスは機能しにくい。すなわち、皆が共有しうる問題について様々な価値観を持つ人々が話し合うことによって、たとえ全員の利害が一致するような解決策は見つからなくても、より多くのひとがより納得できる方向性を見出せるような変化は生まれにくい。皆がそれぞれに別の方向を向いてしまっているためである。

このような主観主義、個人主義が蔓延する社会において、全体を動かしていくのは民意ではなくもっと上意下達的な力、河野の言う「法的なもの・一般的なもの」である。主観主義を重んじ、価値や道徳の主観性を主張することは、「法的なもの」や社会規範のような「一般的なもの」が個人に割り当てた狭い範囲の中で、価値や道徳に関する自由を与えられている状況に甘んじることを意味する。「道徳的なものは法的なものであり、法的なものが道徳的なもの」となっているのだ。こうした社会では、個別的なもの、個性的なもの、個人的なものは、プライベートな領域に追いやられ、その実在性は剝奪されるだろう。河野の言う「主観主義の無力さ」とは、そのことを意味していると思われる。

しかし、何が善くて、何が悪いかは、本当に誰も決めることができないのだろうか？　個別的で個人的な問題に対して、ひとは無力なのだろうか？　価値の多様性は、個々の主観という不確かな領域にしか認められないのか？　善悪はこの世に実在しないのか？

2　善悪は実在する

とても身近な例で考えてみよう。あなたが善いことをしたと思うのはどんなときだろう。ここでいう「善い」とは、道徳的に正しいことや適切であることと考えてほしい。一例として、あなたが電車の中で高齢者に席を譲ったところ、その高齢者から「ありがとう」と笑顔でお礼を言われたとしよう。あなたがその行為を道徳的に正しいと思うのであれば、それはなぜか。「お年寄りには席を譲るべきだと一般的に言われていることをその通りにできたから」だろうか。それもあるかもしれないが、しかし、それだけだろうか。席を譲った相手から感謝の気持ちを言葉や態度で表されたこと、また、その気持ちをあなたが受け取ったことによって、あなたはその行為の「正しさ」を実感することができたことも、自分が善いことをしたと思う大きな理由なのではないだろうか。

では逆に、あなたが道徳的に見て望ましくない行いとはどのような行為だろう。例えば、あなたの知り合いAさんが同僚Bさんから言葉の暴力を受けているとあなたに打ち明けた。Bさんの罵声を聞くのが怖く、職場を離れてもその声が頭から離れなくなり、最近は夜もあまり眠れないと言う。そこでBさんに話を聞いたところ、それは言葉の暴力ではないと言う。Aさんはいつもぼんやりしていて仕事を覚えるのが遅いので、きつく言わないと一人前の仕事ができないのだとBさんは捉えていた。Bさんの視点で見れば、BさんはAさんのためを思って「きつく言う」のであって、それはむしろAさんのためになる善い行為であることになる。しかし、Bさんの行為が、たとえAさんの利益を考えたものであったとしても、当のAさんがそれを暴力として捉え、心身にも影響が及んで生活に支障が出てきているのであれば、Bさんの行為はAさんにとって善いものとは言えないのではないだろうか。

このような出来事は、様々な場に生じうる。小中学校でのいじめの問題しかり、親から子への虐待問題しかり、運動競技のコーチからの体罰や恫喝の問題しかり、職場でのセクシャルハラスメントしかり、教育・学術界でのアカデミックハラスメントしかり。多くのケースで、加害者には相手に害を与えているという認識はないか、あってもその自覚は薄い。しかし、被害者は加害者からの行為から何らかのネガティブな影響を受けており、そのことを程度の差こそあれ自己認識できている。善い行いについても同様である。行為者の意識や意図というよりも、その善い行いによって影響を受ける相手がその行為を自分にとっての利益と捉えているのであれば、それは一般に善い行いを意味する。つまり、ある行為が善いことか悪いことかは、行為者ではなく、その行為によって影響を受けるひとへの効果によって測られる。なぜなら、行為の性質はその効果によって測られるものであり、その効果とは、行為を受ける人々への影響を意味するからである（河野、二〇〇七、九八頁）。

一方、道徳の個人主義を認めるなら、「自分が何をしても自分が正しいと思えば正しいのだ」という自分勝手な主張を認めてしまうことになり、誰に何をしようともそのひとは罪を問われることはない。また、道徳の相互主観主義がまかり通れば、その社会の中で十分に配慮されていない人々への影響が無視されてしまう。つまり、個人主義を基調とするため全体的なルールは存在せず、より多くのひとが見る視点でことの善悪が測られることは避けられず、少数派の意見は多数派の意見に掻き消されてしまうだろう。そうなれば、その社会で生きる少数派のひとは自立性を奪われた状態となるので、その社会は少数派にとって不利益となる。相互主観主義の問題は、当該社会の内部的な視点を超えることができないことにあるのである（同書、九九—一〇〇頁）。

このことからわかるように、ある行為の善悪は、その行為によって影響を受ける人々によって測られるべきものである。つまり、善悪は相手の中に実在する。善悪が存在しないという考え方は、個人主義や相対主義、排他主義を助長し、社会を腐敗させるものである。

相手がひとではなく動物であっても同じことが言えよう。動物に対する行為の善悪の基準は、それを行うひとの側や、実施される行為そのものに内在するのではなく、その行為の影響を受ける動物の側にある。この考え方からすると、動物をどう扱うべきかという道徳的問いに対する一つのシンプルな答えは「動物に聞け」である。ある行為が道徳的に見て望ましいかどうかは、その行為がもたらす動物への効果（利益・不利益）で測られるべきではないだろうか。

3 財産としての動物

ここで「ちょっと待って！ 動物をひとと同等に扱ってもいいの？」と慌てるひともいるかもしれない。もっともな反応だろう。動物がひとと同じ道徳的地位を与えられたことは、これまでも現在も滅多にないのだから。にもかかわらず私は、動物はひとと同等の道徳的地位を持つべきであり、またそれは、可能で有益な見方だと考えている。そのことを論ずるため、まず、現時点での私たちと動物との関係について整理し、次に現状を乗り越える視点を提示したい。

第1章や第2章で見たように、多くの日本人は、毎日の生活の中で動物の肉や乳・卵の加工品を摂取し、時には気晴らしや楽しみのために動物園を訪れている。そこには、自分が動物を展示物として鑑賞している、商品として消費していることに対する後ろめたさや罪悪感は少なく、そうした行為に対する問題意識も希薄である。とはいえ彼らは、他人から「あなたは動物を単なる展示物や商品と見なし、動物を勝手気ままに扱って、動物の生きる権利や生活の質を気に留めていない」と正面切って指摘されることや、自分自身でそう認めることに対しては、大なり小なり抵抗感を覚えるのではないだろうか。

実際、日本人の多くは動物には心があることを理解し、動物を苦しみから解放し、和らげたいと考えていることが複数の調査で明らかになっている。例えば、筆者が二〇一七年に二〇歳以上の日本人三〇九名を対象に行った調査（Yatsu, 2017）では、「多くの動物は、感じたり考えたりできる、感覚性（sentience）を持つ存在だと思いますか？」という質問に対し、「とてもそう思う」と答えたひとが七〇・五パーセント、「そう思う」が二七・二パーセントを占め、実に九七・七パーセントものひとが動物には感覚性があると認めていた。さらに、「苦しんでいる動物を見るととてもかわいそうで、何とかしてあげたいと思うひとがいます。この思いについて、あなたはどう感じますか？」という問いについては、「とてもそう思う」や「そう思う」と回答したひとがそれぞれ五五・四パーセント、三八・八パーセントであり、合計九四・二パーセントのひとが苦しむ動物に対して憐れみの念や助けたいという欲求を抱いていた。もちろん、この調査に参加した人々がもともと動物に関心が高い集団だった可能性は否定できず、本研究の結果がすなわち二〇歳以上の日本人の全体的傾向を反映したものだとは言い切れない。しかし、動物が情感をそなえる存在であると考え、苦しむ動物を「かわいそう」と感じ、「なんとかしてあげたい」と心を動かされる日本人は少なくないとは言えるだろう。動物の感覚性に対するこのような日本人の理解と態度は、他の先進諸国と比べて同等程度には成熟しており、少なくとも他国のそれを大きく下回るものではない。例えば、動物は「残忍行為から守られるべきだ」と考えるイギリス人とスペイン人はそれぞれ全体の九四パーセントと八八パーセント、動物は「あらゆる重要な点で人間と変わらない」と信じているアメリカ人は五割前後である（Francione, 2000＝二〇一八、二八頁）。

その一方で、実際に私たちが動物を扱う仕方は、こうした回答傾向とはかけ離れた状況にある。世界で利用される畜産動物は年間六〇〇―七〇〇億頭であると言われる。日本では、二〇二〇年の一年間に一六六九万一〇〇〇頭の豚、一〇四万七〇〇〇頭の成牛、七億二五一九万羽の肉用鶏が食用として、八七五〇万三〇〇〇羽の鶏が廃鶏として、それぞれ殺されている（農林水産省、二〇二〇）。つまり、私たち日本人は自分たちの食事のために一年間に約八億三〇〇〇万の動物たちを殺したことになり、その数は日本の総人口の約六・六倍にものぼる。これは食用となる動物だけの数だが、これに保健所や動物愛護施設で殺処分される犬や猫、「害獣」とされ捕獲によって駆除されるイノシシやクマなどの野生動物、動物園や水族館、競馬やサーカス、狩猟や闘鶏など、展示や娯楽目的で殺される動物、実験動物の犠牲になる動物の数を加えれば、さらに多くの数値がはじき出されることになる。

動物を慈しむ気持ちを豊かに持つ一方で、これだけの多くの動物に途方もない苦痛を与えることができるという、この驚くべき矛盾は一体どこからくるのだろうか。

アメリカの哲学者、ゲイリー・L・フランシオン（Francione, 2000＝二〇一八）は、その言行不一致の原因は、ひとが動物にあてがった「財産」という地位にあると指摘する。動物はひとの所有物であり、時計やカバンにひとが与える価値と同等に、動物の価値は所有者であるひとが定めるものであってそれ以上でも以下でもない。自分の時計やカバンをどう取り扱おうと責任を問われることがないのと一緒で、単なる財産としての動物には道徳的に重要な点はない。ひとは普通、経済的利益につながる限り動物の利益を無視することができ、法的範囲であれば、どんなに動物に対して苦痛を与えたり殺害に及んだりしても、そうした行為を他人や社会からとがめられることはない。動物が財産として位置づけられる限り、動物の存在価値は経済原理に即して計られても不思議はなく、動物が最小限の金銭投資によって効率よく繁殖され、飼育され、殺されることについて疑問の入り込む余地はほとんどない。

動物を苦しめるのはかわいそうだと考える一方で、動物に危害や苦痛を加えること、動物から自由を奪うこと、動物を殺すことを容認する。一見すると大きな矛盾として捉えられるこうしたひとの営みは、しかし、動物が財産として考えられ、扱われているという事実に照らせば、それほど矛盾をはらむ状況とは言えなくなる。ひとと動物との関係は対等ではなく、ひとが動物に与える価値によって一方向的に決定されているのであり、その限りにおいてひとの行為は正当化されるのである。

例えば、〔動物園人〕の中には、動物園の環境は動物が住まうには問題があることを知りつつ、不十分な環境の中ふがいない思いで動物飼育を続けるひとがいるだろう。〔動物目線の生産者〕の中にも、アニマルウエルフェアに配慮した環境と管理方法で手塩にかけて飼育した動物たちを最終的には商品化するために殺すことに、心を痛めるひともいるだろう。〔一般的な生産者〕の中にさえ、家畜動物に心地よい音楽を聴かせたり映像が映るアイマスクをかけたりしてストレスを軽減させ、動物の心身の状態を整えて高い生産性に結びつけようというケースがある。約六割の養豚農家が動物の「五つの自由」のうち栄養や温度環境、病気について配慮しているという報告もある（佐藤、二〇〇五、一七七頁）。いずれの場合も、動物に苦痛や恐怖を与え、自由や生きる意思を奪っていることに多少なりとも良心の呵責や感傷的な思いを抱いているのかもしれないが、動物を財産として見なすことが、彼らの行為を正当化する強力な根拠となっているのである。

畜産動物だけではない。犬や猫のようなコンパニオンアニマルを大事にしつつ、家畜を食べることに対して違和感を持たないひとは多い。彼らは伴侶（コンパニオン）としての価値を与えた動物個体や動物種に対する「動物を苦しめてはならない」という信念を行動によって貫いているのであって、そうした価値を与えない動物に対してはその信念は適用されない。どの動物を大事に扱うか（食べてはならないか）、どの動物を大事に扱わないか（食べてもよいか）は、ひとが動物に与える意味づけによって一方向的に決められるのである。

こうした経済優先の考え方や種差別的な態度は一貫性を欠いており、率直に言ってあまり尊敬できるものではない。しかし、直感的にはそう感じるものの、その理由を論理的に説明するのは簡単ではない。なぜ動物をひとの一方的な理由で扱ってはいけないというのか。現にそれでも世界はうまく回っているのに、どうしてそこにわざわざ横槍を入れる必要があるのか。こうした素朴な問いに対して、どのように答えることができるだろうか。

実は、動物の価値はひとが決めるのだという考え方や態度にはそれなりのルーツがある。第1章第2節の（3）項でも触れたように、日本では、六七五（天武四）年の肉食禁止令に始まり、特定動物の食用利用が度々禁じられてきたことに加え、仏教や神道の影響もあって肉食を回避する思想が比較的長く続いた。しかし、明治政府の方針転換によって一気に肉食の導入が始まり、以後一五〇年ほどが経過する中で、肉・乳・卵の日本人の消費量は右肩上がりに増加している。また、動物の軍用および農用利用に関しては相当な歴史がある。五世紀に大和政権が朝鮮半島から軍事用に馬を導入したことや、六世紀に渡来氏族が朝鮮半島から生活用具の一部として牛を持ち込んだことが、日本列島における馬や牛の農耕利用の始まりとされる。時にはそれらの牛馬を売買することで生活費に充てることもあり、動物は日本人の経済資本と軍事力、輸送手段として欠かせない必需品であった。こうした牛馬の利用は、一九四〇年代に戦争が終結し、一九六〇年代以降に進行した農業の機械化にとって代わられるまで、五世紀以来一五〇〇年も続いたのである（河野、二〇〇九、一二四―一二六頁）。日本における財産としての動物利用は、こうした日本人の生活様式に根ざして発達を遂げたものであり、それは現代の日本人の動物に対する目線にも何らかの影響を与えていると考えられる。

また、日本人のメンタリティを考える上で、西洋文化からの影響を考慮することも必要だろう。西洋文化の根源にはユダヤ・キリスト教の伝統があり、この伝統は動物を財産と見なす人々の動物観に計り知れない影響を及ぼしてきた（Francione, 2000＝二〇一八、一九四頁）。例えば、旧約聖書には次のような一節がある。

神は言われた、「産めよ、増えよ、地に満ちよ。そしてそなたらへのおそれ、そなたらへのおののきが、地にある一切の獣、空を行く一切の鳥、地を這う一切の動くもの、海に住む一切の魚を覆うがよい。かれらそなたらの手に渡された。生ある一切の動くものらはそなたらの食物である。われれは一切を緑葉のごとくそなたらに与えた。（『創世記』一章二七節、九章一、二、三節）（Francione, 2000＝二〇一八、三一二頁）

ひとは動物を支配し、食べる権利を神から託されたことが、ここではっきりと述べられている。「神の似姿」とされる人間に比べると、動物はある種の精神的特徴を欠き、生まれつきひとに劣る。このような霊的劣等者としての動物の捉え方は、キリスト教信者とそれを信奉する神学者や哲学者、科学者に多大なる影響を与えた。例えば、一三世紀の神学者トマス・アクィナスは、動物が不滅の魂を持たないのは理性を欠くからであると唱えた。一七世紀の哲学者ジョン・ロックは、動物は神の「劣った被造物」であると捉え、それを支配することは神が人類に認めた統治権であるとし、人類は彼らを自らの「便益と純粋な得」のために利用し、「さらには殺戮してもよい」と述べ、動物に対する支配行使の許可という聖書解釈をいっそう推し進めた（同書、一九四―一九五頁）。

しかしながら、動物はひとが利用することを念頭に神が創った霊的劣等者で、動物自身に道徳的な価値はないという見方をめぐっては、いくつかの異論がある。その一つは、「統治」をめぐる論争である。フランシオンは、創世記の中で神は人類に動物統治権を与えるが、その場面の直後にある二節には、創造の当初、神はひとや動物に他の動物を食べさせる意図はなかったのではないかと思わせる言及が見られることを指摘する。

そして神は［アダムとイブに］言った。「見よ、われはそなたらに、全地を覆う一切の種むすぶ草々、種むすぶ実のなる一切の木々を与えた。これ、そなたらの食物である。また、一切の地なる獣、一切の空なる鳥、一切の地を這うもの、いのち宿すかれらに、われは一切の緑葉を食物として与えた」。かくしてその通りとなった。（『創世記』一章二九―三〇節）（Francione, 2000＝二〇一八、一九七頁）

植物を食べよ、というこの教えは、アダムが神の言いつけを破って善悪の知識の木の実（リンゴ）を食べてしまい、アダムとイブがエデンを追放された時に再び強調される。

地はそなたのために呪われた。そなたは生涯にわたり、労してその産物を食せ。地は山査子と薊をそなたに与え、そなたは耕地の草を食すだろう。地に帰る時まで、額に汗してそなたはパンを食せ。（『創世記』三章一七―一九節）（Francione, 2000＝二〇一八、一九七―一九八頁）

聖トマス・アクィナスでさえ、ひとはエデンの園で動物を食べなかったとの解釈を支持しており、実際、ひとによる動物殺しは創世記の後に初めて言及されるとの指摘（Francione, 2000＝二〇一八、三一一―三一二頁）もあることから、創世記こそが動物に対する人類の支配行使の根拠だとする聖書解釈の妥当性は疑わしい。

このように、西洋文化と言えばキリスト教の影響が真っ先に思いつくが、宗教と動物利用の関係はそれほどシンプルではない。しかし、旧約聖書に頼って人類による動物の支配を正当化する勢力は衰えることはなく、これまで多くの哲学者や神学者がこの路線のもとに自らの思想や教義を説いた。その一人が、近代哲学の父と呼ばれるルネ・デカルトである。彼はロックとほぼ同じ時代に生まれ、その思想は後世の科学の発展に絶大な影響を与えることになる。デカルトは、神がひとのみに魂を与えたと想定した上で、動物は魂を宿さないのだから快不快の意識もなく、感覚も感情も持ち合わせていないと主張した。彼がそう考える根拠としたのは、ひとなら誰しもが扱うことのできる語句や記号を用いた言語を、動物が使わないという側面であった。デカルトは動物のことを「カラクリもしくは動く機械」であると述べ、動物という自動機械は実験や解剖の対象となるなど一定の仕事をひとよりも巧みにこなせると指摘した。動物はモノ以上のものではなく、考えることも感じることもできないと説くデカルトの「動物機械論」は、当時目覚ましい発達を見せていた医学その他の学問になじみ、動物を利用する際の罪悪感を軽減させるために好都合であり、瞬く間に科学的方法に組み込まれていった。

デカルトと同じ視点に立つと、神の作った自動機械である動物への道徳的義務について論じるのは、ひとの作った機械への道徳的義務を論じるのと同じくらい無意味でナンセンスなことである。例えば、時計を破壊して道徳的責めを負うのは、その時計に対してではなく、その時計が自分以外のひとや団体の所有物であった場合、もしくは破壊行為によって他者を負傷させた場合などに限られよう。いずれも時計自体ではなく他人への義務である。同様に、私が他人の飼い犬を傷つけない義務を負うとしても、デカルトの見方に従えば、その義務は犬にではなく飼い主に対して生じるものである。犬は時計と同様に機械以外の何物でもなく、もとよりひとは犬に対して何の道徳的義務を持たないのである。

このようなデカルトの動物機械論に加えて、財産権の重要性と財産にされた動物の役割について説いた人物が一七世紀のイギリスの哲学者ジョン・ロックである。ロックは、先に紹介したユダヤ・キリスト教の世界創世神話を支持し、動物は「被造物の劣等位」にあり、ひとは彼らに対して何の道徳的義務も負わない、と述べた。ロックは神から与えられた動物も他の資源もすべて「粗末もしくは無駄に」してはならないと説き、動物が痛みを感じ苦しむことも認めたが、動物への扱いはひとへの扱いと関係する範囲でしか問題にならないと考えた（同書、一一八―一一九頁）。一八世紀のドイツの哲学者イマヌエル・カントもまた、動物の情感と苦痛を認めながらも、動物は理性と自己意識がないため、ただひとに利用されるためだけに存在し、動物の扱いは、ひとに影響が及ぶ範囲でのみ問題になると考えた。つまり、「動物に対して酷である者は人間に対しても非情になる」ので、動物に対して酷な振る舞いをするべきではない、というのである。カントにとって動物は「目的に資する手段に過ぎず、その目的とは人間である」のである（同書、五六頁）。

動物とは財産であるという考え方には、こうした歴史的背景があり、文化や宗教、哲学の学説などが絡み合って、時代を経るごとに強固なものとなっていった。財産とは、ひとによって所有される、本質的・内在的価値を持たないモノである。そのため、他人に害を与えない限り、その財産を望むように利用する権利がひとにあると考えられている。そして、財産としての動物には、「理由なく」危害を与えてはならないという道徳原則だけが適用される。逆に言えば、「理由」さえあれば、動物に危害を与えることは問題にならないということだ。実際、動物を所有し利用する理由は、食用として、展示用に、教育目的で、研究のためなど、無数に存在するだろう。こうして動物を苦しめる行いは容認されている。私たちに求められているのはただ、合理的な財産所有者として振る舞い、動物搾取に必要とされる「以上の」苦しみを負わせないことだけだ。動物搾取に伴う動物の苦しみは、配慮に値しないものとして切り捨てることができると考えられている。

4　動物はひとと同等の地位を持つ

しかし、こうした流れの中でも、動物の見方に影響を及ぼす二つの大きな転換点が訪れている。一つ目は、一八世紀から一九世紀にかけて活躍したイギリスの法哲学者ジェレミー・ベンサムが、功利主義の立場から、動物は苦痛を感じることができるのだから配慮の対象となり、ひとは動物に対して道徳的義務を負うと説いたことである。ベンサムの功利主義は、おおざっぱに言ってしまえば、気持ちよさを増やすのはよいことで、痛みを増やすのは悪いことだという立場である（伊勢田、二〇〇八、一六頁)。この原則に基づき、ベンサムはこう言う。「問題は、彼ら(動物)が考えられるか？　でも、彼らが話せるか？でもなく、彼らが苦痛を感じるか？　である」(Bentham, 1789: 283)。今でこそ不思議ではない考え方かもしれないが、ロックやデカルト以後、動物はひとに奉仕する機械や道具であり、ひとは動物に対する道徳的義務はないと考えられていた当時においては、常識や通説に逆らう驚くべき考え方だったと言える。ベンサムは、動物は苦痛を感じる能力を持つと説いただけでなく、そのことによって動物に道徳的地位を認めたのである。

実は、ベンサムが提唱し、一九七五年に『動物の解放』を著したオーストラリアの哲学者ピーター・シンガーらが唱えた功利主義の思想には、議論の余地が多く残されている(Francione, 2000＝二〇一八、二二五―二三八頁)。例えば、動物の苦痛には配慮するが死は動物の害とならないので動物を殺しても構わないとする考え方や、動物は生そのものを利益とはしないのでひとの資源としてどう搾取されようともほどほどに快適な生活が送れるなら動物は気にしないという主張などである(Singer, 2009＝二〇一一)。彼らは、動物の利益には配慮しなければならないが、ひとは自分たちの目的で動物を利用し続けてもよいと考え、動物がひとの財産の地位に置かれていることには異議を唱えなかった。しかし、二一世紀に入り、こうした功利主義に内在する倫理的問題を乗り越える視点も多数提出されてきており、動物はひとと同等の道徳的地位を持つとする考え方に注目が寄せられている。このような思想を提唱している人の一人、ゲイリー・L・フランシオンの説を簡単に紹介したい。

フランシオンは二〇〇〇年に出版した『動物の権利入門』の中で、動物の利益を真に考慮し、動物に不必要な苦しみを課さないという私たちの発言内容に実際の行動を伴わせるためには、「平等な配慮の原理」、すなわち同様の物事を同様に扱う規則を、動物に適用するという方法しかないと断言する。

平等な配慮の原則を動物に適用することは、動物を何らかの意味で人間と「同じ」と見たり、動物が私たちとあらゆる点で「対等」であると見たりすることではない。その意味はただ、人間と動物が同様の利益を持つなら、特別の理由がないかぎり両者の利益を同様に扱うべきである、ということに尽きる。一般通念上、動物は少なくとも一点において現に私たちと同様の存在とされる。すなわち、動物は情感を具え、私たちと等しく、苦しまないことを利益とする存在である。その意味で人間と人間以外の動物たちは似た者同士であり、情感を具えないあらゆる世界存在と異なる者といえる。(Francione, 2000＝二〇一八、三六―三七頁)

フランシオンのこの主張は、動物たちを、一切の苦しみから救うということではない。ひとと同様、動物にも生老病死がある限り、実際にそのようなことは不可能である。しかし少なくとも、動物が単なるひとの資源として利用されることからくる苦しみは、一切否定しようという考え方である。動物とひとは情感をそなえる点で等しい、とフランシオンは言う。苦しまずにいる利益がひとにとって道徳的に重要だというのであれば、私たちは平等な配慮の原則に基づいて、道徳的に妥当な理由がない限り、ひとのみならず動物をモノや財産として扱わないように計らう必要がある（同書、三七頁）。
「動物だけじゃない。ひとだって誰かから搾取されているじゃないか」という反論があるだろう。階級社会の中で使役され、優越的立場にあるひとから不当に労働力を奪われているひとは、確かに少なくないだろう。それはそれとして対処されるべき問題であるが、だからといって平等な配慮の原則が不要になるわけではない。ましてや、食用目的だけで年間何百億頭が殺されている動物の置かれている立場を問題視しないでよい理由にはならない。ひとは苦しまないことを自らの利益とする限り、あるひとを他の人間の目的に資する手段としてのみ扱うことは、道徳的に許されない。これと同様に、動物たちは資源扱いによる苦しみの一切から免れることを利益とするのであって、その道徳的重要性が無視されてはならないのである。

二つ目の転機は、一九六〇—一九七〇年代にイギリスやアメリカを中心に活発化した動物の権利運動とそれを後押しするアニマルウエルフェアサイエンスの発展である。応用動物行動学、心理学、神経生物学、神経解剖学、認知科学、精神哲学など、多種多様な学問や科学技術の進歩により、動物について多くのことが知られるようになった。動物は機械のような存在ではなく、ひとと同様、感覚器官と神経系、特に大脳を中心とする中枢神経系を有し、痛みを感じるのはもちろんのこと恐怖や苦悩といったより高次の情感も経験していることが明らかにされた。また、負の刺激（ストレッサー）によって引き起こされるストレス反応を、視床下部—下垂体—副腎皮質（HPA）軸の活動を通して緩和しようとする対処機制が備わっている点もひとと変わらない。そのようなシステムを発動してもなお対処困難な場合には、動物の免疫抵抗力が低下して感染防御力や自己治癒力が弱まるのみならず、脅威となる刺激に対してより激しく恐怖反応を示したり、Fight-Flight 反応（その状況を排除したりそこから逃れようとする反応）を示したりする。これらの初期反応によってもなお苦痛が解消されない場合、苦痛は苦悩となり、行動は葛藤行動や異常行動の形を取るようになり、生理学的には慢性的な緊張状態が持続する（佐藤、二〇〇五、三八頁）。

動物にはこのようにひとと変わらない高度で複雑な生理的メカニズムがあることは、デカルトの時代には明らかではなかったのであり、デカルトが動物をまるで機械のようなものと解釈してしまったのも、この点では仕方のないことなのかもしれない。そして、現代においては、動物に関するこうした科学的知識は科学者集団にはもちろんのこと一般市民の間でも共有されており、ある種の常識として人々の認識に定着していると考えてよいだろう。事実、日本人の大多数が動物には情感があることを認め、動物の苦しみに対して共感することもできているのである。

5　動物の声となる知識

さて、動物に対する行為の善悪の基準は、その行為の影響を受ける動物の側にあり、動物をどう扱うべきかという道徳的問いに対する一つのシンプルな答えは「動物に聞け」だということを前に述べた。では、どうすれば動物の声を聞くことができるのだろうか？

動物と会話することができるアニマルサイキックやアニマルコミュニケーターと呼ばれるひとがいる。また、動物の側にも、訓練の末に手話でひとと簡単な会話することができるようになったゴリラやチンパンジーがいることも報告されている。しかし、そうした特別な能力や訓練を介さなくても、「動物の声を聞く」方法、すなわちひとが動物の感覚が捉えているものをある程度の精度をもって測り、感じていることを一定の妥当性をもって解釈するための二つの方法がある。それは「知識」と「共感」である。

ここで言う「知識」とは、動物の感覚や感情について知っていることや理解していることである。知識があることで、動物が置かれた環境で何を感覚しているか、どう感じているかを、動物自身の立場から考えやすくなる。例えば、狭い鳥舎に入れられ、繰り返し飛行しては柵に体当たりしているハヤブサを見るとき、ハヤブサについて何も知らないときよりも、彼らが時速一〇〇キロメートルの速さで水平飛行し、捕食時には時速三九〇キロメートルものスピードで飛行する鳥類最速の狩猟本能を持つ動物であることを知っているときのほうが、そのハヤブサの痛みやストレスを深刻に受け止めることができるだろう。動物園にいる動物たちの中にはアフリカや南米や東南アジアから連れて来られた動物もいることを知っているひとのほうが、その動物たちが日本の冬を体験することの辛さを身にしみて想像することができよう。ブタについて何も知識がないひとよりも、ブタの知能がイヌや三歳児の知能よりも高く、チンパンジーと同レベルの複雑な認知処理が可能な動物であることを知っているひとのほうが、屠畜場で殺される順番を待つブタの恐怖や苦痛の深さを推測することができると考えられる。

動物が何を知覚（見ている、聞いている、嗅いでいる、触れている、味わっている、暑い・寒い・熱い・冷たい・眩しい・暗い・痛い・重い・苦しいなど）しているのか、どう感じているのか（食べたい、飲みたい、触れたい、寄り添いたい、群れたい、他の個体と距離を置きたい、体を清めたい、遊びたい、逃げたい、隠れたい、横になりたい、向きを変えたい、背伸びをしたい、眠りたい、立ちたい、走りたい、飛びたい、叫びたいなど）を知り、動物の感覚や感情に迫るには、その動物がどのような生態なのか、すなわち動物の本能や習性、動物が自然界で生活する様子に関する知識を持つことが鍵となる。

では、具体的にどのような知識を持っておくことが助けになるのか。その一つの例として、二〇一六年から二〇一七年にかけてグラスゴー大学の修士課程でAnimal Welfare Science, Ethics and Law（動物福祉の科学・倫理・法）を専攻した私の履修科目を以下に示したい。

〈一学期〉

①キーリサーチスキルズ（重要な研究スキル）　四〇単位　＊必修科目

②アニマルウエルフェアサイエンス（動物福祉学概論）　二〇単位　＊必修科目

〈二学期〉

③アニマルエシックス（動物倫理学）　一〇単位　＊必修科目

④レギュレーション・アンド・ソーシャルイシューズ（規制と社会問題）　一〇単位　＊必修科

目

⑤バイオロジー・オブ・サファリング（苦しみの生物学）　一〇単位　＊選択科目
⑥ウエルフェアアセスメント（動物福祉のアセスメント）　一〇単位　＊選択科目
⑦ケア・オブ・キャプティブアニマルズ（捕獲動物のケア）　一〇単位　＊選択科目
⑧エンリッチメント　一〇単位　＊選択科目

〈三学期〉

⑨インディヴィジュアルリサーチプロジェクト（学位論文研究）　六〇単位　＊必修科目

修士論文を作成するための科目である①と⑨を除く七科目が動物関連のものである。②の「動物福祉学概論」では、動物福祉の基本概念とこの概念が誕生してきた歴史的・社会的背景などを学んだ。⑤の「苦しみの生物学」では動物の解剖生理学、特に疼痛やストレスに関する心身のメカニズムを、⑥の「動物福祉のアセスメント」では動物自身の心身の健康状態を査定する多様な方法を学び、⑦の「捕獲動物のケア」では動物園・水族館に収容されている動物や、畜産、娯楽や儀式、動物実験、害獣駆除などの犠牲となる拘束状態にある動物の心身の健康状態とケアを学習した上で、⑧の「エンリッチメント」ではそうした捕獲動物に求められる環境のあり方を、物理的・生理的・感情的・心理社会的な側面から検討した。

動物への関わり方を理解するためには、ひとと社会についても批判的に検討することが必要となる。

そのため、③の「動物倫理学」や④の「規制と社会問題」のように、動物に関する倫理学、法学、社会学、政治学、経済学、メディア学ではどのようなことが研究され、何が課題となっているかを学んだ。

以上は、動物について知る方法のほんの一例であって、動物福祉学以外にも動物を総合的に研究する学問は獣医学や畜産学などが存在する。さらに、対象とする現象により、形態学、発生学、分類学、生理学、生態学、動物地理学、遺伝学、進化学、応用動物学などに分かれており、また対象とする動物の種類によって、哺乳類学、鳥学、魚類学、貝類学、昆虫学など、多様に分化した学問分野が存在する（ブリタニカ国際大百科事典小項目事典、n.d.）。

しかし、動物そのものだけでなく動物とひと、人間社会との関わりについて科学的かつ批判的に考えるためには、ここに紹介したような動物福祉学の体系的知識は有益であると考える。一般の人々がその知識をもれなく理解することが必要とは思わないが、動物の視点から見た世界を知ることや、動物に対するひとの関わりを理解することを可能にする知識という意味で、動物福祉学の学問体系は示唆に富んでいると思われる。

6　動物の声となる共感

動物の声を聞くための二つ目の方法は「共感（エンパシー）」である。共感という言葉は、一般的にあまり人気がないと聞く。それは、この言葉が利他的自己や愛他精神と同じく、自分を犠牲にしてでも相手を重んじる姿勢や、損得勘定を抜きにして相手を尊重し、相手に協力・奉仕する態度という清らかで受容的なイメージで受け止められることと関連している。さらに、そうしたイメージから転じて、共感という概念にはその場の状況に流されやすい表向きの優しさや自分自身を見失った弱々しい姿勢、すぐに他者に騙され利用されてしまうような不確かで愚かな印象がつきまとってもいる。昨今では世界中に蔓延する経済不況や政治的混乱の影響により、他者の利益よりも自分の利益を優先し、協調よりも自立を重んじなければ国もひとも生き残れない深刻な状況がある。こうした現実が、共感に対するネガティブなイメージ形成に一役買っているのかもしれない。

ここでは、共感に対してそうしたマイナスイメージが存在することを承知した上で、あえてその重要性に光を当てたい。共感とは、同種の他の個体の感情や意図などを即座に感じ取り、同一化によって相手を慰めたり、相手と協調行動を取ったりする能力（西田、二〇一〇、三二一頁）である。例えば、私たちは曲芸師の綱渡りを見ているときにハラハラし、心臓の鼓動は高まり手に汗を握る。このような心身の変化が起こるのは、曲芸師の体の中に自分が入り込んだような気分になり、そうなることで曲芸師の体験しているものを共有するからだとドイツの哲学者テオドール・リップスは述べている。私たちは想像上の世界で曲芸師と一緒にロープの上にいるのである（de Waal, 2009＝二〇一〇、九六―九七頁）。リップスは、この「感じ入る」というひとの能力を哲学的美学の概念として普及させたが、二〇世紀前半に入って心理学が科学の一分野となると、ひとが他者の中に自分を投影する心の動きである共感の概念は、いわゆる「感情移入」の概念とともに注目されるようになった（Krznaric, 2013＝二〇一九、四七—四八頁）。

私たちは、自分以外のひとに起きていることをそのまま自分自身で感じることはできないが、無意識のうちに自己と他者を同化させることで、他者の経験をわが事のように経験することができる。このような同一化は、学習や連想、推論といった他のどんな能力にも還元できないものであり、共感は「他者の自己」に直結する経路を提供してくれるのだとリップスは主張した（de Waal, 2009＝二〇一〇、九七頁）。イギリスの文化思想家ローマン・クルツナリックによれば、共感の特徴とは「他人の靴を履くことをイメージし、その感触をもって世界を歩く」ことを想像してみることであり、他者の感情や感覚している世界を理解し、その理解をもって自分の行動を導こうとするものである（Krznaric, 2013＝二〇一九、八頁）。共感することとは、「自分がして欲しいことをひとにしなさい」という黄金律とは異なる。この表現では、私たち自身の利益が他者とたまたま一致した場合を想定させてしまうからである（同書、九頁）。アイルランドの文学者ジョージ・バーナード・ショーは、「自分のして欲しいことをひとにするな、ひとの好みはそれぞれ別かもしれないから」と述べたというが、この言葉は先の黄金律や感情移入とは異なる共感の重要な性質を言い表しているだろう。

ところで、ここで言う「他者」は、ひとだけとは限らない。一般的に、私たちが自分以外の存在の立場になって感じたり考えたりする範囲には個人差があり、また同じひとでもその状況に応じて共感対象の範囲は変わってくるものである。しかし、根源的に私たちと同じく生命を持っている生き物ならなんでも、私たちは相手の立場に立って考えることができる（Coetzee, 1999＝二〇〇三、五七頁）。なぜなら、共感する能力はひとだけに特有なものではなく、むしろ他の多くの動物たちと共有する原初的な能力であるからである。

共感は、進化の歴史上とても古いものである。霊長類の社会的知能研究の第一人者として知られている動物行動学者フランス・ドゥ・ヴァールによれば、共感は哺乳類の系統と同じぐらい古い起源を持つ重要な能力である。共感は一億年以上も前からある脳の領域を働かせる。この能力は、運動の模倣や情動伝染とともに、遠い昔に発達し、その後の進化によって次々に新たな層が加えられ、ついに私たちの祖先は他者が何を望んだり必要としたりしているかを理解するまでになったのである。ひとはこの傾向を多くの動物と共有しており（de Waal, 2009＝二〇一〇、二九三―二九四頁）、動物が他の動物に共感する能力を発動して互いに協力し合うように、私たちが他の動物に共感能力を発揮したとしても何ら不思議はないのである。

では、共感することによって、何が可能になるだろうか。河野は、共感は、他人の利益・不利益の了解を可能にすると述べている（河野、二〇〇七、一一三頁）。例えば、ひとはある動物に共感することによって、その動物が置かれた環境で何を知覚し、どう感じているかを知るだろう。動物が心地よく、リラックスでき、その特性を表出できているのであれば、その環境は動物にとって利益であり、そうでなければ不利益である。共感することは、相手にとっての利益や不利益を知覚することである。ある動物にとっての利益と不利益を知ることができるのは、その動物に共感しているからである（同書、一一一頁）。

ある行為がもたらす利益と不利益は、それを受ける者にとっては善であり悪である。先述したハラスメント問題のように、行為の影響を受ける者にとって利益となることは善であり、不利益となることは悪である。ここで注意しなければならないことは、ある行為の善し悪しを決めるのは、行為した者や第三者ではなく、行為によって影響を受ける者だという点である。これも先に、善悪は実在するか否かを検討した際に述べた通りである。動物は話すことができない。しかし、私たちが動物への行為に対して正しい道徳的判断をしたければ、その動物の立場に共感的に配慮することが必要となる。すなわち、行為から影響を受けている動物を社会のコミュニケーションする一員と認めること、そして、生態に関する科学的知識を活用してその動物の感覚や情感を理解し、その利益と不利益を知ることである。奴隷制度や人種差別、性差別、民族紛争などのような人類の不道徳な振る舞いは、一部の人々をコミュニケーションから排除することから始まっている。コミュニケーションの境界とは、道徳的配慮の境界を意味するのである（同書、一一四―一一五頁）。

7　共感と身体

共感の起源とは、もし自分が相手の立場だったらどのように感じるかを意識的に思い起こすような、高度な想像力の領域ばかりではない。他者が笑えば自分も笑い、他者が泣けば自分も泣く。共感は、こうした身体的な同調や共鳴とともに、実に単純な形で始まったとされる（de Waal, 2009＝二〇一〇、七四頁）。その同調力がいかに強いかは、チンパンジー同士のあくびの伝染を報告した京都大学での実証実験や、あくびをする馬やサル、ライオンのスライドを見た人々が全員あくびや伸びをしたというフランス・ドゥ・ヴァールの報告（同書、七四―七五頁）からもうかがえる。これらの報告は、種の壁を超えるほどに強い無意識の身体的な同調・共鳴の力が、ひとの中にしっかり根づいていることを証している。

私たちの他者理解の能力が、この身体的な共鳴の上に成り立っていることは興味深い。他者の認知は、推論や理論的説明などの媒介を経ずに、「生きたもの」として知覚的に把握され、自分の運動過程を直接に触発していると考えられるのである（河野、二〇〇七、一二二頁）。「生きたもの」として知覚することが必要であることは、フランス・ドゥ・ヴァールの研究結果からも裏づけられる。彼は本物に近いあくびをする（口を思い切り開け、目を閉じ、首を仰向かせる）チンパンジーのアニメーションと、単に口を開け閉めするだけのチンパンジーのアニメーションを、それぞれチンパンジーに見せた。その結果、チンパンジーたちがあくびをしたのは、本物に近いあくびをするチンパンジーのアニメーションを見たときだけだったという（de Waal, 2009＝二〇一〇、七五頁）。チンパンジーは、アニメーションの中においてさえ「生きたもの」の動きとそうでないもの（機械や無生物）の動きとを瞬時に見分けることができ、「生きている」動きに対してのみ身体的に同調することができるのである。

このことは、他者の理解とは、直接的で身体的な過程であることを意味している。他者の認知は、推論や理論的説明といった媒介を経ずに、「生きたもの」として知覚的に把握され、自分の運動過程を直接に触発している。この身体的な共鳴こそが根源的な共感能力に他ならない（河野、二〇〇七、一二一頁）。他者との間に身体的な関係を結ぶこと、特に、相手を「生きたもの」として知覚することが、共感と他者理解の鍵を握っているのである。

あくびのような反射的な行為だけではない。子どもは身近にいる大人たちの行動を見て真似し、社会で行うべき行動とそうでない行動とを学び取る。私たちは模倣によって他者から学習し、次の世代に残すべき言語や知識や行動を伝えていくのである。その意味で、共鳴的な身体的関係は、他者理解と文化・社会的な伝達行動の根底にある能力であると言える（同書、一二二頁）。身体的に関係を結ぶこととしての共感は、人間関係の基盤であるばかりでなく、道徳性のプラットフォームでもある。道徳性とは、人間個体間のある種のあり方に他ならないからである（同書、一二二頁）。共鳴する身体は、相手の感覚や感情、相手が置かれている状況に共感し、それを理解する基盤である。これは、相手がひとであっても動物であっても同様の仕組みであることは、ひとと動物の間に身体的同調が成り立つことをもって説明した通りである。

ところで、共感という言葉は一般に、無条件な受容や無反省で流されやすい態度といった極端な利他主義のイメージがつきまとうために、あまり評判がよくないという話を前節の冒頭に述べた。しかし、共感に対する世間の評価が低くなる理由には、そうしたものとは真逆のイメージも存在する。つまりそれは、「共感とは利己主義の押しつけだ」という考え方である。この考え方によれば、共感とは単なる自分の気持ちの投影であり、自分の利益となることが共感という作用を通して相手へと投射されていることになる。ひとは何かに共感したと言いつつ、その実、自分の利益になることだけを相手の行動に見て取っているのである。この見方は正しいのだろうか。

私にはそうとは思えない。共感の基盤には相手と自分の身体的な同調があることは先に述べた通りだが、その際、相手の行動は常に自分の行動に先んじていた。あくびをする動物の行動は、私の行動よりも前に生じており、その逆ではない。また、私がその動物のあくびを見て、自分もあくびをするとき、私はあくびをすることが私にとって得になるかならないかを判断してからあくびをしているだろうか。経験上、そうとは思えない。私は、動物が本物のあくびをする様子を知覚すると即座にそれを模倣する。しかも、どのように筋肉を動かすとあくびができるかを知らなくても、他のひとや動物の仕草や運動を模倣してしまっている。そこには損得感情や利益不利益の計算などが挟まれる余地はない。事実、動物は生後まもなく親の行動を真似、ひとの乳児も生後数カ月で相手の（特に親の）表情を模倣し始めるのである。こうした事実は、身体的同調が自他の区別や状況判断を伴う知的な操作というよりも、ひとや動物の根源的な知覚・運動能力であることを物語っているだろう。

つまり、共感とは自己に関する感覚が相手に投影されることではない。道徳についてもこの観点から考えることが必要だろう。利己主義をひとの行動の基盤と見なすことは誤りである。もしひとが生まれながらに合理的な利己主義者であり、自己の利益になる情報だけを選択して知覚し、その手段として行動するのであれば、相手の模倣行動は生じない。いかなる行動が模倣するに値する有益なものか、あらかじめ判断などできないからである（同書、一二三頁）。ひとは自らの決断で共感的になるのではなく、生まれつき共感的なのであろう（de Waal, 2009＝二〇一〇、九八頁）。

8　共感を妨げる要素

動物の声を聞くには知識と共感が必要であり、共感はひとや動物が生来的に持っている知覚・運動能力であることを見てきた。身体的同調、共鳴に基づく共感は人間関係の基盤であり、道徳性のプラットフォームでもある。動物の知覚や感情を知るには共感だけでなく知識が必要であるが、知識は共感があって初めて活かされる。つまり、動物に対する関心がなければ知識は開発されることも活用されることもなく、動物に共感することなしには関心は生まれにくいのである。

しかし、共感がそれほど有益かつ根源的なものであり、私たちの社会的な協同的行動や動物理解に深く結びついているというなら、なぜひとはもっと共感できないのだろうか。これに関してクルツナリックは、私たちが直面している「共感的想像力を最大限に発揮することを妨げる四つの基本的な社会的・政治的な障害」（Krznaric, 2013＝二〇一九、八三―一〇〇頁）の存在を指摘している。共感を妨げる基本的な障害とは、「偏見」「権威」「距離」そして「拒否」である。

「偏見」とは、十分な根拠なしに偏った見方をすることである。私たちは様々なことに対して思い込みや先入観を持ち、固定観念にとらわれがちである。その結果として表面的で性急な（多くの場合誤った）判断をなしてしまう。人間社会内部で生じる偏見には、人種や民族、国籍、宗教、性、出自、年齢など、様々なカテゴリーに基づくものがある。「女性／男性なんだから〜するべきじゃない」という性別に関する固定観念や「高齢者は〜するものだ」という年齢にまつわる先入観、「〇〇人はいつも〜する」という国籍や民族に対する思い込みなど、例を挙げればきりがない。

こうしたステレオタイプの共通点は、偏見を持って見ている相手の人間性を奪い、個性をもみ消してしまうことである。言うまでもなく、どんなカテゴリーにも多様な人々が属し、それぞれに個性があり、また、同じひとにも多面性がある。しかしながら、偏見とステレオタイプのゆがんだレンズを通してひとを見ると、それらの個性や多面性は消去される一方、自分が抱く思い込みにピッタリはまる情報だけが浮かび上がって見えてくる。そうすることで思い込みが一層強まり、個性ある人々への気づきも関心も薄れるので、私たちがその相手と顔を合わせ、個別的に知り合う機会はますます少なくなってしまう。

これは人間対人間の話だけではない。動物に対する偏見は、動物に関する情報が広く知れわたっていない分、ひとに対する偏見以上に強いものがあるだろう。例えば、私の知人は、「ゾウは活発な動物ではないから動物園にいるのがふさわしい」と語り、また別の知り合いは、「水族館のイルカはひとと交わることが好きだから芸を覚える」と述べた。しかし、これらの語りに正当性がない（誤りである）ことは、ゾウやイルカの生態や飼育環境、管理方法に関する研究結果やデータを調べればすぐに判明する。また、「畜産動物はひとの目的に向けて繁殖・飼育されているのだからひとに利用されて当然だ」という考え方は、第1章で確認したように人間社会に広く浸透し、かつ根強い。そうした考え方においては牛や豚、鶏などの区別なく、すべてが「畜産動物」というカテゴリーの中に押し込まれてしまう。そして、実のところ牛や豚には一頭一頭それぞれ顔があり、個性があり、家族がいることや、鶏一羽一羽に感情があり、各々の社会的序列に応じた特徴ある振る舞いをすることなど、個々の動物について思いを馳せることを難しくする。個々の顔が見えないところに共感は生まれにくい。このように共感が浸透しにくい無関心の文化が、偏見を通して醸成されていくのである。

二つ目の障害は、「権威」である。ここで言う権威とは、地位や人格、制度などが優越的な立場にあるために他者に対して自発的な同意や服従を促すことのできる能力や関係のことを意味する。民族浄化などの大虐殺に関与した人々は、「私は命令に従っただけだ」という理屈で自分たちの正当性を主張することが少なくない。例えば、ナチス政権下でドイツの親衛隊中佐を務め、ホロコーストの企てにおいて最高の権限を持つ一人だったアドルフ・アイヒマンは、戦争犯罪の罪を問われて裁判にかけられたときに「自分の仕事をしていただけ」であり、自分の行動に対して責任を負わないと主張したという。義務を果たし、権威に服従することで、自分よりも弱い立場にある他者への共感を根底から失うことは、しかし、彼に限ったことではない。政治哲学者ハンナ・アーレントは次のように述べる。「アイヒマンという人物の厄介なところはまさに、実に多くの人々が彼に似ていたし、しかもその多くが倒錯してもいずサディストでもなく、恐ろしいほどにノーマルだったし、今でもノーマルであるということなのだ」（Arendt, 1963＝二〇一七、三八〇頁）。

権威に従うという気質は、私たちの大多数の内部に宿っている。「決まりごと」を守ろうとする姿勢、「社会規範」を重んずる態度、「法律」に従って生きること。私たちは親や教師から早い時期に服従の文化を学び、自分で考えるよりも権威に従うことの大切さを大人になるまでの間に着々と吸収していく。「共感的な配慮や関心は権威によって簡単に制圧されてしまう」とクルツナリックは指摘する（Krznaric, 2013＝二〇一九、九二―九三頁）。

幼少期には動物と触れ合い、動物を仲間として感じ、動物の苦しみに対して難なく共感できていたひとも、そんなかつての自分を思い出すのはもはや一苦労かもしれない。ひとの目的のために動物を利用することを当然視する家庭や学校、社会環境の中では、動物に共感することは社会から望まれざることである。「動物がかわいそう」という声は表出されることなく、自分の内面にしまいこまれて封印される。権威の前に、私たちは自分の共感本能を見捨てることを学ぶのである。逆に言えば、共感的な行動が必要となり「動物がかわいそう」と声を上げることは、権威に逆らう強い意思表明であり、権威に服従する社会への挑戦なのである。

三つ目の障害は、空間的・時間的・社会的な「距離」である。空間的な距離は共感の広がりの障害となる。ピーター・シンガーのように、地元の公園で目の前で溺れかかっている子どもを見て助けようとするのと同じくらい切実に、アフリカの飢えた子どもたちを救助しなければならないと感じるひと、空間的距離は道徳的判断に影響を及ぼさないと主張するひとは確かにいるだろう。しかし、その他の科学者や思想家は、現実には距離の隔たりが私たちの道徳的な関与の度合いを低下させることを認めている。大多数の人々は、見知らぬ遠くの地で起きている悲劇的な出来事に対しては、隣町で起きた小さな揉め事に対してよりも、行動に移すのが難しいと感じる。私たちの大部分にとって、最も強い道徳的で共感的な絆は、家族と地元のコミュニティのメンバーに向けられたものなのである（同書、九六頁）。時間的距離もまた、共感の可能性を低める。私たちは自分の子どもたちや孫たちの世代の未来を案じるが、その心配は曾孫世代となると弱くなり始め、今から一〇〇年先の見知らぬ人々のことをわが子のことのように思案することはほとんど難しくなる。最後に、社会的距離もまた共感的なつながりの障害になりうる。私たちは学歴、職種、民族性、宗教など、何らかの点で自分たちと社会的に似ている人々に対してはより共感しやすく、そうでない人々には共感しにくい傾向がある。私たちが直面している共感能力の欠乏問題を解決するためには、空間的・時間的・社会的背景において遠く離れている人々や動物たちを、私たちの思いやりの輪に引き込み、想像力によって容易に彼らと触れ合うことができるよう、可能な限り距離を縮めることが必要なのである（同書、九八頁）。

四つ目の障害は、「拒否」である。世界中のあらゆる場所から気の滅入るような話題や映像が押し寄せることで、人々は心理的に疲弊し、「共感疲労」に陥っていると言われている（同書、九八頁）。社会学者スタンリー・コーエンは、その著『拒絶状態』（Cohen, 2001: 1）の中で、私たちは残虐行為や苦悩について知ることができるにもかかわらず、それらを遮断し、何の行動も起こさず、「見て見ぬ振りをする」と指摘する。その結果、情報は制止され、否定され、脇に追いやられ、解釈を捻じ曲げられたり変更されたりする。このように共感を排除する拒絶状態に逃げ込む理由には、様々なものが考えられる。例えば、知ることによって生じる罪悪感や恥辱を避けたいこと、自分たちの行為や判断の過ちを認めたくないこと、他人の苦しみを和らげるための行動を起こす責任は自分たちにないと考えること、知らないことで安心して今まで通りの生活を送ることができることなどである。しかし、これらに共通しているのは、いずれも自分自身の生活やプライドを守ろうとする利己的な保身の態度である。高い共感能力を維持するためには、こうした拒否的態度に気づき、罪悪感を受け入れ、自分が誰かに負の影響を与えていることを認めて、何らかの行動によって道徳的責任を果たそうと努めることが必要となる。

クルツナリックが挙げた共感の四つの障害に、私は「比較」を加えたい。ここで言う比較とは、対象Aを対象Bと比べて対象AやBの価値を値踏みすることであり、結果としてAとBのどちらにもさほど心を動かさない状況を招くものである。例えば、「日本の子どもの貧困は確かに問題だが、アフリカの子どもたちよりは貧しくないからまだマシだろう」という考え方をする場合、日本の貧しい子どもたちを気に止めてはいるが、より深刻な状況にある子どもたちと比較することによって「まだマシ」という判断を招き、結果的にこの問題に対する思考を止めてしまう。しかし実際のところ、日本の子どもの貧困とアフリカの子どもの貧困のどちらがより深刻かをどのように測ることができるのだろうか。ある子どもの体験する苦しみはその子どもにとってはすべてであり、自分と他の子どもの苦しみと比較して自らの深刻度を査定することなどできない。ましてや、他人がその苦しみを比較してことの軽重を判断するのは非常に危険なことである。本来比較してはならないもの同士を比較することは、共感を妨げるばかりでなく、共感からの「逃げ道」を意図的に探し出す行為でもある。動物に関しても、「動物園の動物は捕食動物からの脅威にさらされないだけ野生動物よりも幸せだろう」「産卵鶏や乳牛はブロイラーや肉用牛よりも長く生きられるぶんマシだろう」「牛や豚はスタンガンで気絶処理されるぶん鶏の最期よりも楽だろう」など、たくさんの比較が用いられるが、その比較は、動物の置かれた境遇に共感するためではなく、共感しなくてよい理由を見つけるために用いられていることに注目してほしい。

以上のように、偏見、権威、距離、拒否、比較は、「他人の靴を履く」（他者の立場に立つ）ことから自分を遠ざけさせている原因である。ゴムは長い間使わないでいると乾燥し硬くなり、最後は朽ち果ててしまう。これと同じように、私たちの共感能力もそれを使用する場がないとみるみる劣化していく。では、一体どうすれば共感能力を有効に活用し、高めることができるのだろうか。

9 「なりきる」体験

共感能力の劣化を促す要因の一つに、本来は比較不可能なもの同士を比べることで思考停止する「比較」があることを述べたが、これを別の言葉で表現するなら「個別・個性なるものからの逃避」だと言えよう。貧困に苦しむ子どもの一人ひとりの違いに関心を向けず、集合化して、別の集合と比べる。そうすることで、個々の苦しみから心理的に遠ざかり、自分の心理的負担感を軽減させることができる。これは「距離」の原理でもあった。

このことは、逆に、共感というものが「個別・個性なるもの」に心を動かされること、「個」に専心することと結びついていることを意味している。共感とは生きている他者との身体的な同調、共鳴であることは前に見た通りである。生きている他者というものはとことん個性的で多様である。ギブソンは言う。

> 活動する対象は無活動な対象とはさまざまな点で異なっているが、特に、自発的に動くという事実において著しく相違している。（中略）運動の仕方、変形の様式は動物それぞれにとって固有のものである。これら特殊な対象は、大きさ、形、肌理、色、匂い、そして彼らの発する音などにおいて異なり、なかんずく、その運動の仕方において違っている。（Gibson, 1979＝一九八五、四四頁）

共感するということは、このような「活動する対象」にとって「固有のもの」を知覚することである。観察者が自らの身体を通して対象の自発的な動きに同期し、その動物が持つ固有のリズムを感じることが重要である。

「生きている」相手との身体的同期は、いわば相手に「なりきる」体験であるとも言えよう。絵本や映画の主人公になりきって触れ、歩き、味わい、嗅ぐ。そして、その主人公の気持ちになって感じ入る。昆虫の動きに見入る。鳥の鳴き声に聞き入る。動物になりきって地面を這い、野をかけ、空を飛び、茂みに身を隠す。ひとはこうしたヴァーチャルな身体体験を幼少期から繰り返し、自分以外の何者かに「なりきる」こととはどういうことかを身をもって知るようになる。クルツナリックの定義に従い、共感とは「他人の靴を履くことをイメージし、その感触をもって世界を歩く」(Krznaric, 2013=二〇一九、八頁)ことだとすると、その靴の履き心地は、相手になりきり、相手のことを深く知れば知るほどよりリアルにイメージすることができるであろう。

この「なりきる」体験は、「生きている」他者と個人的関係を結ぶ上で重要であるだけでなく、「死にゆく」「死ぬ運命にある」「死んでいる」「死んだ」他者への共感にも大きく影響する。オーストラリア在住のジャーナリストであるジョン・ティルストンは、その著書『私が肉食をやめた理由』の中で、「死が意味を持つには、それが個人的である必要がある」(Tilston, 2004=二〇〇七、一三九頁)と指摘し、次のように告白する。「インドの地震で五〇〇〇人が死んだとしても、私にとって友人一人の死ほどの衝撃はない。動物についても同じだ。自分のペットが死んだらトラウマが残るが、よその猫が車にはねられてもそれはない。そうでなければ、どうして現代の世界に立ち向かうことが出来るだろうか」(同書、一三九頁)。

ティルストンが言うように、おそらく私たちは死というものを個人的にしか受け止めることができないのだろう。世界全体に約七九億という人口があるのだから、大変な数の動物が殺されているのは驚くに当たらない。現在、多くの人が肉を食べられるのは、動物の死が自分と無関係になっているためだというティルストンの指摘に、私も同意する。牧場のそばを散歩していて牛と目が合えば、即座に、忘れかけていた思いやりと慈しみの気持ちが芽生えてくる。この牛だけでなくどのような動物であっても、もし彼らと個人的に出会い、私たちの心が動かされるならば、私たちは彼らを殺して食べることは難しくなるだろう。そして、そのような可能性を延長して考えれば、ただ出会ったことがないからという理由で、その他の動物たちを殺し、食べるわけにもいかないだろう。

屠畜場で死の順番を待つ牛や豚たちは、目を大きく見開き、神経質に視線を素早く移動させたり、涙を流したり、失禁したりする。ベジタリアンやヴィーガンになったひとで、動画などでそのような動物を見て、ひとが動物を搾取することは間違っていると強烈に感じ取ったというものは少なくない。そのとき彼らは、動物と個人的な関係を結ぶことで動物に「なりきり」、逃げることも反撃することもできない環境下で迫り来る死をただ待つその動物の恐怖を、まさに自分のこととして追体験したのである。そして、何ら罪を犯していない無抵抗な動物たちがなぜ殺戮されなければならないのかという「不条理」や「不道徳」に驚き、怒り、そのような状況に置かれている動物が「かわいそう」と悲しみを感じているのである。

恐怖や驚き、怒り、悲しみは、アメリカ人心理学者ポール・エクマンが同定した六つの基本的感情（怒り、嫌悪、恐怖、喜び、悲しみ、驚き）に含まれる（Ekman, 2003＝二〇一八）。感情というものは通常、不確かで曖昧なもの、取り止めのない移り気なもの、一時的な興奮にすぎないものと捉えられており、「感情的な人間」や「感情的な物言い」は人々から受け入れられにくいものである。個人レベルだけでなく集団においても同様に、集団感情の一つのあらわれである社会のムードは変わりやすく、また、群衆心理もすぐに炎上し盲目になりやすい（中村、一九九七、一六五頁）。そのため、現代社会では「感情抜きで話しましょうよ」などと、感情を排除した論理的な話し合いと合意形成が要求される傾向がある。しかし、近年になって感情の持つ非合理性を望ましくないものとして否定するのではなく、その中に隠されている「賢さ」の観点から感情を見直す動きが学術界で起きている。その一つが「社会的ジレンマ」の研究である。

社会的ジレンマとは、人々が自分の利益や都合だけを考えて行動すると、社会的に望ましくない状態が生まれてしまうというジレンマである（山岸、二〇〇〇、一一頁）。環境破壊問題しかり、いじめ問題しかり、「自分一人ぐらいは」という心理がもたらす集団全体にとっての不利益問題と言えるであろう。社会的ジレンマ問題はこれまで「人々の心がけの問題」だと考えられ、それができない人間は「けしからん」「教育がなっとらん」という結論に終始していた。しかし、こうした「お説教の教育」では現状を改善できないことから、一九九〇年代以降、心理学や社会科学を中心に研究が進み、私たちの非合理的な、あるいは直感的な判断や行動の中に隠されている感情の働きに注目が寄せられているのである。

山岸俊男（同書、七六—七七頁）は、ジョルジオ・コリセリら三名の実験経済学者が行った実験を紹介している。この実験には、ゲーム理論について専門的知識を持っている経済学の教授たちと、普通の学生たちが参加した。教授たちはこのゲームでどう行動するのが合理的なのかをよく理解しており、実際にその通りに行動した。それに対して学生たちは、どう行動するのが合理的なのか十分に理解していないため直感的に行動し、自分たちの利益を徹底的に追求した。その結果、学生たちが得た利益は、合理的に行動した教授たちの獲得した利益よりも大幅に上回ったという。この実験が意味することは、普通の人々は合理的にではなく直感的に行動することで、実は社会的ジレンマ問題を解決し、「賢い」利己主義者よりも大きな利益を上げることができたということである。つまり、私たちの感情に基づく判断の中には、社会的ジレンマ問題を解決する方向で私たちを行動させる「賢さ」が組み込まれていると考えられるのである。

アメリカの経済学者ロバート・H・フランクは、別の角度から感情の優位性を説く。彼は『オデッセウスの鎖――適応プログラムとしての感情』(Frank, 1988＝一九九五)の中で、合理的なひとよりも非合理的なひと、つまり感情的に行動するひとのほうが有利な結果を手にすることができることを、いくつもの例を挙げて説明している。例えば、ここに合理的なAさんと、感情的なBさんがいる。二人は各々三万円で購入したお気に入りのカバンを盗まれたが、Aさんは警察に通報するための時間的・経済的ロスを計算し、八万円のコストがかかることが判明したため、通報しないことを選択した。一方で、Bさんは人のカバンを盗んだ犯人に腹を立て、後先を考えず通報した。一見すると、合理的なAさんのほうが感情的なBさんよりも小さな損害を被るだけで済んでいる。しかし、Aさんの行動は八万円未満の強盗であれば警察に通報しないことを意味するため、周りの誰もがAさんの持ち物を勝手に盗み始めれば、そのうちにAさんの被害額は何百万円にも膨れ上がる可能性がある。一方、すぐに頭にきて何をするかわからないBさんの持ち物には、今後誰も手を出そうとしないだろう。Bさんは感情的に行動することで、その場では大きなコストを払うが、そのことによって再び感情的に行動しなければならない場面（持ち物を盗まれるなど）を減らす可能性がある。感情とは合理的な損得勘定を忘れて行動するようにひとの行動をコントロールするメカニズムであり、私たちの将来の行動を拘束することで問題解決の手段としての役割を果たしているのだというのがフランクの主張である。私たちの将来の行動を拘束するのは、Bさんの例にあるような怒りの感情にとどまらない。愛情は愛し合う二人の将来を拘束するし、正直さや公平さなどの道徳感情は、他者を裏切らないように将来の自分の行動を拘束するのである（山岸、二〇〇〇、一二〇頁）。

これまで社会の厄介者、排除されるべき存在とされてきた「感情」が、実は膠着した社会問題を内側から解きほぐす手段となりうるという事実は重要である。動物に関する問題についても、動物が「かわいそう」という悲しみや、動物へのひとの振る舞いが「不条理」「不道徳」であるとの怒りの感情に突き動かされ、非合理的に行動することが、結果的に社会的問題を解決する手がかりを与えているのかもしれない。感情とは、生きている動物や死につつある動物にひとが「なりきる」体験によってもたらされるものであり、またその共感は、感じていることや考えていることを言語で伝えることができない動物たちへの理解の扉を開く鍵であろう。

10　共感のつらさ

動物に対するひとの立ち位置にまつわる善悪問題を考える上で、動物への共感と感情が重要な役割を果たすことを確認してきたが、しかし同時に、動物に共感し、その感情を手立てとして現代社会の問題に立ち向かうことは、ひとにとって簡単なことではないことを社会が知ることも大切である。

第1章で、〔動物目線の消費者〕が、畜産という営みをどう見ているか、肉食文化を謳歌する世間に対してどのように反応しているかを論じた。生まれてから死ぬまで自由を奪われたまま短い一生を過ごす動物たちにとっての負のアフォーダンスをリアルに知ることの苦悩。世間から「なぜあなたたちは肉を食べることを拒むのか」と尋ねられたときの驚きや苛立ち。何も知らない、知ろうとしない人々に何をどう伝えても、彼らには動物たちの置かれた状況を理解しようとする受け皿がない。そうした現実に直面し、〔動物目線の消費者〕は自らの無力感に打ちひしがれる。

彼らのこうした心情を的確に表している文学作品に、南アフリカ出身のノーベル賞作家、ジョン・M・クッツェーによる『動物のいのち』(Coetzee, 1999＝二〇〇三)がある。この小説の中でクッツェーは、七〇歳のオーストラリア人作家エリザベス・コステロを通じて議論を展開する。コステロは、アメリカの大学に招かれて講演を行うが、そこで話したのは彼女の専門領域である文学や文芸批評ではなく、大学関係者や周りの人々が日々無頓着に行っている「途方もない犯罪」とコステロが見なしている事柄、つまり動物に対する虐待的行為についてであった。コステロは、世界的な戦いにおいて動物が敗者であるという図を描いてみせる。

昔は、人間が理性に従ってあげた声に、ライオンの唸り声や牡牛のなき声が立ち向かいました。人間はライオンや牡牛に戦いをしかけ、何世紀もの後にその戦いに完全に勝利をおさめたのです。今日では、こういった生き物たちはもう力をもっていません。動物たちは、私たちに立ち向かうのに、沈黙しかもっていません。(Coetzee, 1999＝二〇〇三、三九頁)

クッツェーが作り出したフィクションの枠組みの中で、コステロは、ひとに、動物に対する共感が欠けていることに対して言いわけは許されないと断じる。ある種の動物とは違い、ひとはどうしても肉を食べなければならないというわけではない。私たちは、やろうと思えば、動物の「生きている感覚」に対する共感を持って彼らを救うことができるにもかかわらず、状況を変えるために行動を起こすひとはほとんどいない。コステロの講演を聞いた大学関係者や息子一家は、コステロが自分たちに動物への接し方を大きく変えることを要求しているように感じ、彼女にはそんなことを要求する権利はないし、自分たちはそれを受け入れる義務も受け入れたいという欲求もないと考える。

コステロにとって、そうした周囲の人々は「まるで何をしても無罪のまま立ち去れるかのよう」に振る舞う犯罪者のようである。コステロは言う。

もう、自分がどこにいるのかわからないってことよ。私は、みんなの間を何の問題もなくやすやすと動き回っているように見える、他の人たちと完全にノーマルな関係をもっているように見える。こういった人たちが、みんなとんでもなく犯罪にかかわっているなんてことはあり得るのかしら、と自分に聞いてみる。みんな私の幻想かしら？　気が狂っているに違いない！　でも、毎日証拠を目にするの。私が疑っていたまさにその人たちが、証拠を作り出し、それを見せ、私にそれを提供してくるの。[動物の] 死体よ。彼らがお金で買った死体の断片よ。(同書、一一七―一一八頁)

コステロは自らについてこう言明もする。「私は心の哲学者ではなくて、学者たちの集まりで傷をさらけ出しながらも、それを表には出していない動物なのです。私は傷を服の下に隠しています。けれども語る言葉のすべてで、その傷に触れています」(同書、四〇頁)。この女性を傷つけているもの、彼女の心に取り憑いているものとは、動物を恐怖と苦痛に陥れる私たちの非情な行為である。それを目の当たりにして生きることは、どうすれば可能になるのか。ほとんどすべてのひとにとって、どうでもよいようなことであるという事実を目の前にして、生きることはどうすれば可能になるのか (Diamond, 2008=二〇一〇、八四頁)。コステロの錯乱によって示される「剝き出しの神経」と「自らの人間性に対する不安」(Cavell, 2008=二〇一〇、一五二頁) は、第1章で見たヴィーガンたちの苦悩に通じるように思われる。

共感する心を動物にまで広げよう、というコステロの（そしてクッツェーの）思惑は、この小説の中で決して実を結ばない。しかし、コステロの物語は、ひとの生に重きを置く〈ヒューマニスト〉の見方と、動物の生に重きを置く〈脱ヒューマニスト〉の見方とが真っ向からぶつかり合うとき、そこでどのような議論が展開されるのか、それぞれの側に立つ人々がどのような感情や考えを抱くのかということを予見させる、一つの擬似的な場を提供している。

コステロがそうであったように、動物への共感能力が高まり、動物と感受性を分かち合えるようになると、動物が味わう恐怖や痛みを追体験する苦しみと、ひとによる動物の扱いに対する激しい憤りやひとへの不信感が持続し、しまいには動物に共感できる自分のほうがおかしいのではないかという自己不信まで生じうる。その過程で、動物活動家の中には、動物をひとと同じ地平ではなく、ひとよりも上に置き、ひと嫌いにまでなってしまうひとも少なくない（Hawthorne, 2016＝二〇一九、一一頁）。一部の者は、第1章でも指摘したように、人類への憎しみを口にすることもある。確かに、動物が被っている不利益は明らかであり、彼らを救うために活動の時間と労力を傾注することが、動物のことなど気に留めない人々を説得し、彼らを活動の輪に入れるようにと努力することよりも必要度が高いかもしれない。

しかし、「人類滅びろ」といったメッセージに象徴される〈脱ヒューマニスト〉のニヒリズムは、動物に対して人間中心的な見方をする〈ヒューマニスト〉との溝を一層深くするかもしれない。〈ヒューマニスト〉と議論を交わし合い、〈脱ヒューマニスト〉の考え方や価値観を理解してくれる仲間を増やす機会を失うことにつながりうることに注意が必要である。

ヴィーガンの活動家であるマーク・ホーソーンは、その著『ビーガンという生き方』のなかで、「脱（動物）搾取があらゆる情感ある生命を害さないために手を尽くすことだというなら、当然、その思いやりの輪は人間にまで広げなくてはいけない」（同書、一〇頁）と述べる。ホーソーンは、「交差性（intersectionality）」（人種、民族、国籍、性別、階級など、様々な差別の軸が組み合わさり互いに作用することで、独特の抑圧が生じている状況）という概念を用いて、動物だけでなく人権や環境をも視野に入れた総合的な正義を提唱する（井上、二〇一九、一九六頁）。人種差別、性差別、階級差別といった社会問題は、支配、不平等、搾取などの抑圧のシステムを内包するという点で、動物の権利問題と似た構造を持つだろう。例えば、父権制の社会システムでは、ひとの女性も他種のメスも、自らの身体の所有権を認められない。そのため、権力者は他種のメスをひとの快楽のために監禁し操作するだけでなく、偏見に基づいて他者の権利と自由を否定する（Hawthorne, 2016＝二〇一九、七六―七七頁）。このように動物搾取と人間抑圧は同根であるため、それらに通底する問題の解決に向けて互いに協力し合い、同盟関係を築くことが、解放という普遍的目標を達成する上で重要なのである。

ホーソーンはまた、別の側面からも、動物の権利運動の孤立化に対して警告を発する。それは、ヴィーガンであることが必ずしも動物差別以外の差別問題に無縁であることを意味しないという観点である。例えば、野菜や果物、豆類、穀類、その他の動物性以外の食物をすべて自家栽培するのでなければ、世界の農場で働く誰かに多大な借りを作ることになる。その中には過酷な労働条件と危険な環境で働く男女や子どもの働きも含まれているだろう。性的搾取と引き換えに農場労働を強いられる者、子ども、先住民、奴隷労働者などは、総じて基本権を無視されているのである（同書、八一―九二頁）。また、動物成分を含まない食生活を促す中で、一部の活動家は「私ができるんだからみんなもできるはず」「ヴィーガンとして生活することは本当に簡単なんです」といったことを口にするが、こうした発言も「交差性」という点から再考される必要がある。ホーソーンが指摘するように、動物成分を排除した食生活を始める上で最大の障壁は、地元のスーパーで新鮮な果物や野菜、その他の健康的な食物を買うのが困難であるという点である。本書の第1章で述べた通り、インターネットの普及によりヴィーガン食品が以前より入手しやすくなったことは事実であるが、しかしインターネットを自由に使えることは世界的に見て未だ特権的であることを忘れてはならない。菜食料理を作る時間があることも、同じく特権である。さらに、ヴィーガン食品は値が張りやすいため、家族を養うためにやむをえずファストフードを買うひとも少なくないだろう（同書、八〇頁）。ざっと概観しただけでも、動物に優しい生活は、必ずしも抑圧と差別に無縁であることを意味しない。ホーソーンが指摘するように、動物成分を含まない製品は抑圧の産物ではないという神話は崩される必要があるだろう。

こうした無意識の抑圧に気づくためには、自分の特権を批判的に振り返ることが必要である。自分の行動や消費活動が、自らの支持する価値観をどう損なっているかを問わなければならない（同書、七八頁）。例えば、都市に住み大学で教鞭をとる私が、農村に住み地場産業に従事するひとともに動物の権利運動を進めようと思うとき、相手の文化的経験や生活条件をどこまで意識できるだろうか。自分にできることを、誰もができると考えてはならない。ましてや、それをできないひとを、そのひとの個性や生活背景を知らずして、堕落していると決めつけるのは誤りである。しかし、ホーソーンが言うように、尊重を心がけることはできる。他者の権利の搾取と抑圧が社会に蔓延し、知らぬ間に様々な人々を傷つけていることを肝に銘じることはできる。エゴを離れ、他人に特権を指摘されたときに自己弁護に回らないように努めることはできる。自分にはたくさんの課題があることを知り、よく犯す過ちを認めることはできる（同書、七八頁）。

立ち位置の違いを超えて、どのように動物と関わることが望ましいのかを考える際、動物への共感が最大の焦点となる。コステロが証明したように、動物への共感には「剝き出しの傷」による激しい痛みが伴うが、その傷を癒してくれるのは、意外にも、動物に対する立ち位置を異にする他人なのかもしれない。動物への共感は、ひとへの共感へとつながっている。動物やひとの権利を無視するあらゆる不条理と不道徳に立ち向かうための協働と連帯を、立ち位置を超えて作り出すしなやかな発想が、今求められている。

11　アニミズムの視点

実は、ひとはこれまでも、別のカテゴリーにあると考えられてきたひととの間にある垣根を超え、

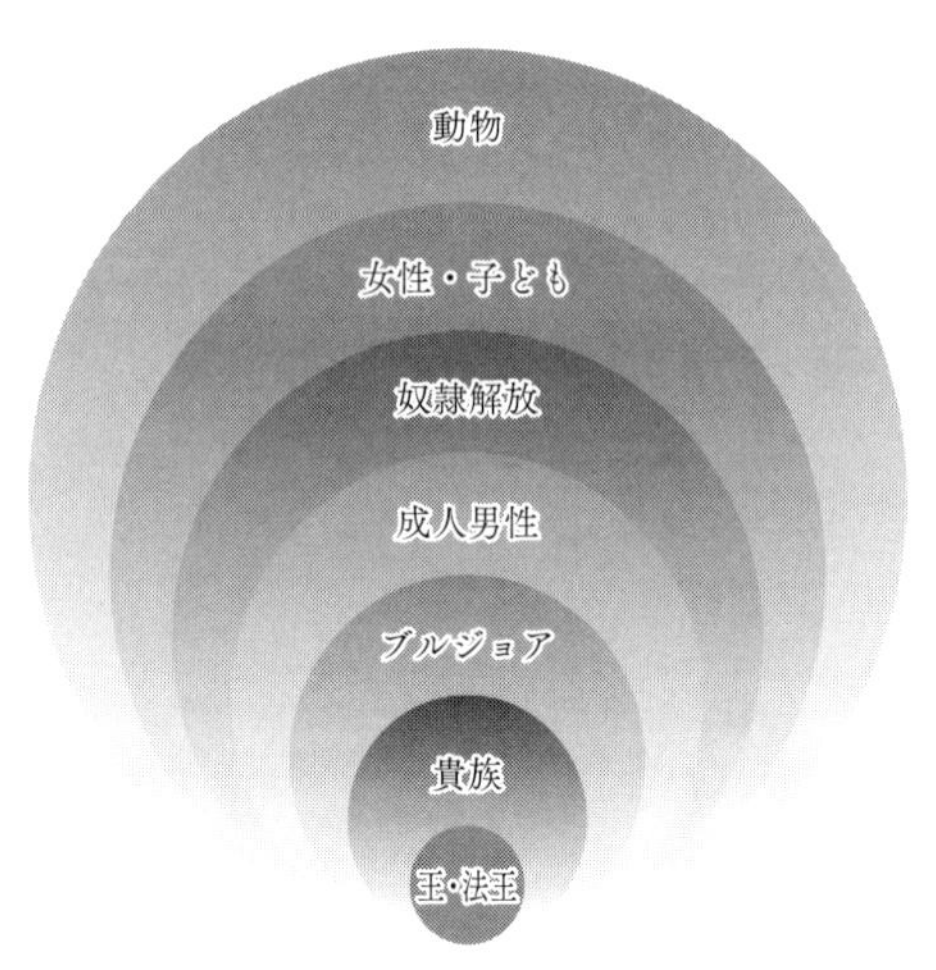

図 2　社会的進化－権利の拡大（目黒、2018）

互いに協力・連帯してより倫理的な関係を築いてきた。目黒（二〇一八）は、王・法王から貴族へ、貴族からブルジョアへ、ブルジョアから成人男性へ、成人男性から奴隷へ、奴隷から女性・子どもへと、権利のための闘争が繰り広げられ、権利主体が拡大してきた歴史を、一つの社会的進化として図説している（図2）。他者の資源として利用されずにいる自己の利益を守るための「権利」とは、今ではおよそすべてのひとが持つものと見なされているものだが、わずか数世紀前までは一部のひとにしか持つことが許されなかった特権だったことは、心に留めておくべきであろう。

社会的進化の次のステージは、ひと以外の生命体への権利の拡大である。アメリカの歴史学者・環境学者であるロデリック・F・ナッシュは、一九八九年に『自然の権利』を出版し、人類史上に見られる倫理の対象の変化を説明している。図3にあるよう

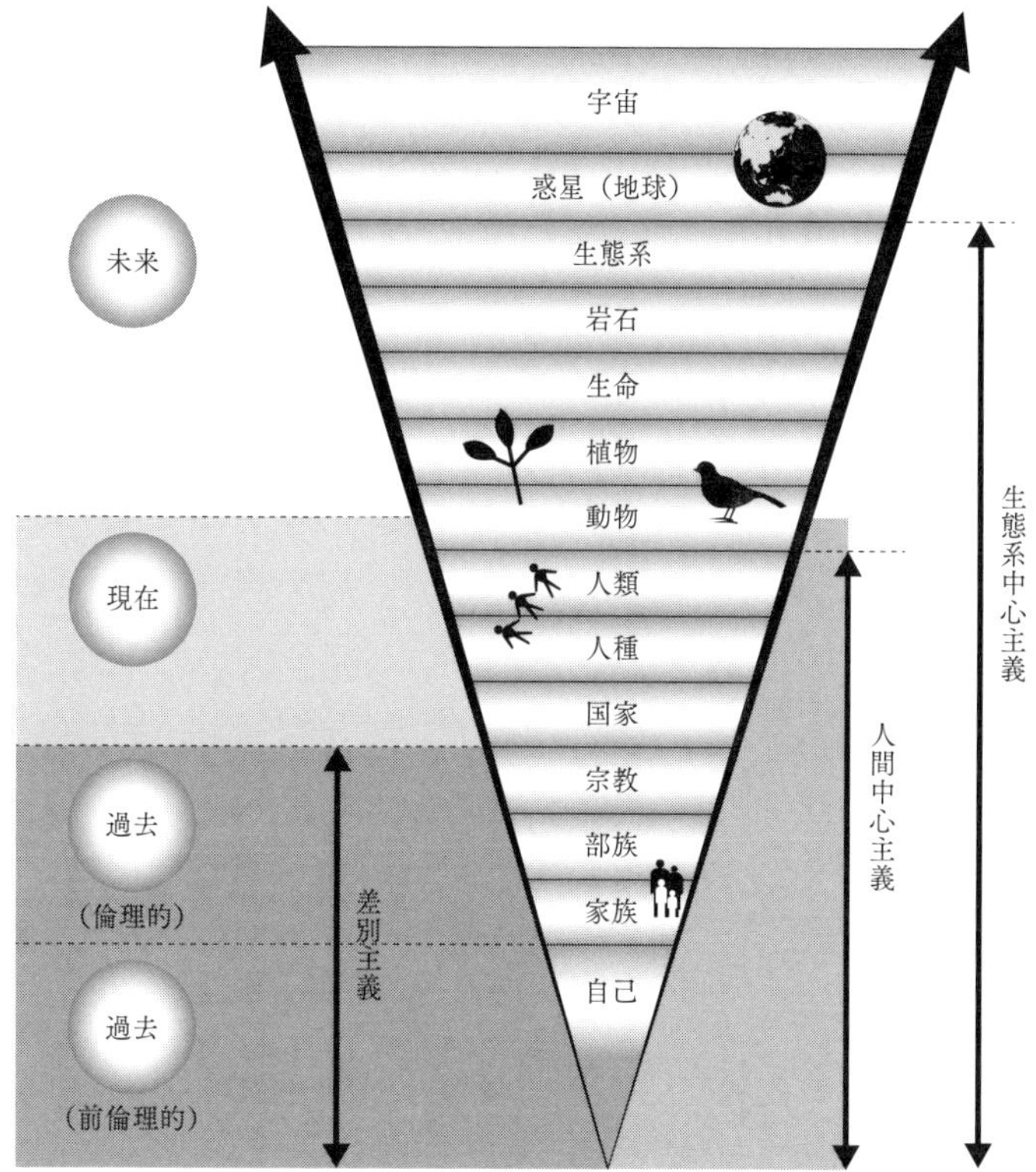

図3　倫理の対象の進化（出典：ナッシュ［1989: 32］に山村［1998: 76］が加筆）

に、環境倫理学の歴史は人間中心主義的自然観から自然とひとの共生を基本とした思想へと変化してきている。そして、すべての生命体の間の平等性という考え方が形成され、ひとが権利を持つのであればひと以外の生命体も権利を持つという考え方が主張されるようになったのである（山村、一九九八、六九頁）。ナッシュによれば、アメリカにおける倫理対象のこのような拡大の思想の基礎は「自由主義・民主主義」にある。そこでは、ひとだけでなく、野生動物の自由も認めることが主張されている。そして、自然権の概念をひと以外の動物に、さらに野生動物へと拡大していく倫理観が主張されていったのである。

実際に、欧米では自然を原告とする訴訟が一九七〇年代以降多数実施されており、日本でも一九九〇年代以降、奄美大島のアマミノクロウサギ訴訟や茨城県のオオヒシクイ訴訟、北海道大雪山のナキウサギ住民監査請求、長崎県諫早湾のムツゴロウ訴訟など、自然の権利に基づく裁判が展開されている。

さらに、こうした環境倫理の深まりと発展を加速させる世界規模での不可逆的な変化が、過去六〇年間にわたって起きている。地球環境問題である。地球環境の破壊が人類に破局をもたらす可能性があるという警告を最初に発したのは、海洋生物学者レイチェル・カーソンが一九六二年に著した『沈黙の春（サイレント・スプリング）』であると言われる。彼女は、ひとが無思慮・無差別に化学物質を環境にまき散らし続けるならば、やがて春がきても鳥のさえずりも聞こえずミツバチの羽音も聞こえない沈黙した春を迎えるようになるだろうと予言した。この本に対する社会の反響は大きく、一九七〇年にアメリカに環境保護庁が設立されるきっかけともなった。刊行一〇年後の一九七二年には、ローマクラブのレポート『成長の限界』(Meadows, Meadows, & Randers, 1972=二〇〇五)が出版され、同年にはストックホルムで国連人間環境会議が開催されるなど、世界中で地球環境についての問題意識が芽生えるようになった。同じ頃、日本は四大公害裁判に象徴される公害大国となっていたが、一九七三年のオイル・ショックを境に、環境問題を人的被害が焦点となる「公害」としてではなく、自然環境や地球環境全体を視野に入れたものとして捉える風潮が強くなっていた。

そして近年では、地球環境問題が待ったなしの深刻な状況となっている。第1章で述べたように、環境に負荷を与える私たちの生活スタイルを改善すべく世界の科学者が連名でガイドラインを発表し、国連でも次々と環境対策を打って出ている。二〇一九年九月に開催された国連の地球温暖化サミットでは、一六歳のスウェーデン人活動家グレタ・トゥーンベリが科学的な数値を交えながらスピーチを行い、各国代表へ気候変動への取り組みを力強く訴えた。

地球環境問題と畜産の関係は深く、温室効果ガスによる地球温暖化の最大の原因が畜産業であることは、第1章で触れた通りである。その事の重大さは、国連食糧農業機関(FAO)の報告書にも「畜産業による環境への負担を半減しなければならない」と警告されるほどである。すでに世界各地では、自然環境やひとの暮らしに様々な影響や被害が見られており、その深刻さから最近は「気候危機」という言葉も使われている。こうした問題は、対策を行わない場合、さらに重大化し、取り返しのつかない甚大な被害をもたらす可能性が指摘されている(WWFジャパン、二〇一九)。二〇二一年一〇月には第二六回国連気候変動枠組条約国際会議（COP26）が開かれ、メタンガスを二〇三〇年までに二〇二〇年比で三〇パーセント削減する目標、「グローバル・メタン・プレッジ」が掲げられた。これに日本を含む二四カ国が新たに加盟し、一〇〇を超える国や地域が賛同した。牛肉輸出大国であるブラジルの農牧研究公社（EMBRAPA）の研究員ギリェルメ・マラファイアは、「社会環境責任を遂行しない畜産事業者は二〇四〇年までに排除されるかもしれない」と指摘する（日本貿易振興機構、二〇二二）。

未だかつて誰も乗り越えられなかった課題に直面している私たちは、今まで以上の柔軟さでこの危機を乗り越えていかなければならない。ひと、動物、地球環境が少しでも長く豊かに生き続けられる未来を作るために、他者の世界観と眼差しで世界を捉え直してみる、アウトロスペクションの新しい時代を作り出すとき（Krznaric, 2013＝二〇一九、三四頁）なのである。

第2章で、〈来園者〉や〈一般的な消費者〉〈動物園人〉〈一般的な生産者〉のように自分を含む「ひと」を中心に世界を眺める立場を〈ヒューマニズム〉と呼び、〈動物目線の来園者〉〈動物目線の消費者〉のように動物の目から世界を眺める立場を〈脱ヒューマニズム〉と呼ぶことを提案した。見つめる対象は同じ動物であるのに、動物と動物が暮らす環境に対してひとは大きく異なる価値や意味（アフォーダンス）を知覚していた。それは、それぞれの立ち位置によって、ひとが動物との間に結ぶ関係が大きく異なるためであった。

自分とは違う立ち位置のひとが利用しているアフォーダンスを知覚することは、他者の世界観と眼差しで世界を捉え直してみるアウトロスペクションの実践である。それは、私たちが自分の殻を破り、自分とは異なる人々の生活や文化について学ぶことによって、私たち自身をも知るための貴重な一歩である。しかし、己を知り、他者との相違を確かめるだけでは、他者と協働・連帯する上では十分とは言えない。必要なのは、〈ヒューマニズム〉と〈脱ヒューマニズム〉との間を分断するのではなく結びつけ、共通の利益を探る視点である。この点において、〈アニマリズム（Animalism）〉という概念は参考になると思われる。

〈アニマリズム〉とは、ひとを含むすべての動物の利益の考慮を促進する考え方であり、身体的・心理的な痛みを感じることのできる存在の価値を強調する哲学的かつ倫理的なスタンスである。〈アニマリズム〉は〈ヒューマニズム〉に似ているが、ひと以外の動物を、私たちの種に属していないからという理由だけで排除しない点で大きく異なる（Animalist, 2019）。〈アニマリズム〉という名称は、哲学者ポール・スノードンによって与えられた（Snowdon, 1991: 109）。支持者は少数派のままであるように見えたが、その後、エリック・T・オルソン（Olson, 1997, 2007）やデヴィッド・マッキー（Mackie, 1999）などによって提唱され、この概念は「個人のアイデンティティ」に関する現代の議論に洞察を与えている（Stanford Encyclopedia of Philosophy, 2019）。

私たちの関心からすると、〈アニマリズム〉の意義は、〈ヒューマニズム〉の価値を動物種にまで拡大した点にある。ナッシュ（Nash, 1989＝一九九九）の示した倫理の対象（図3）を、人類から動物へと広げ、〈ヒューマニズム〉から〈生態系中心主義〉へと橋渡しをするにあたって要となるパラダイム

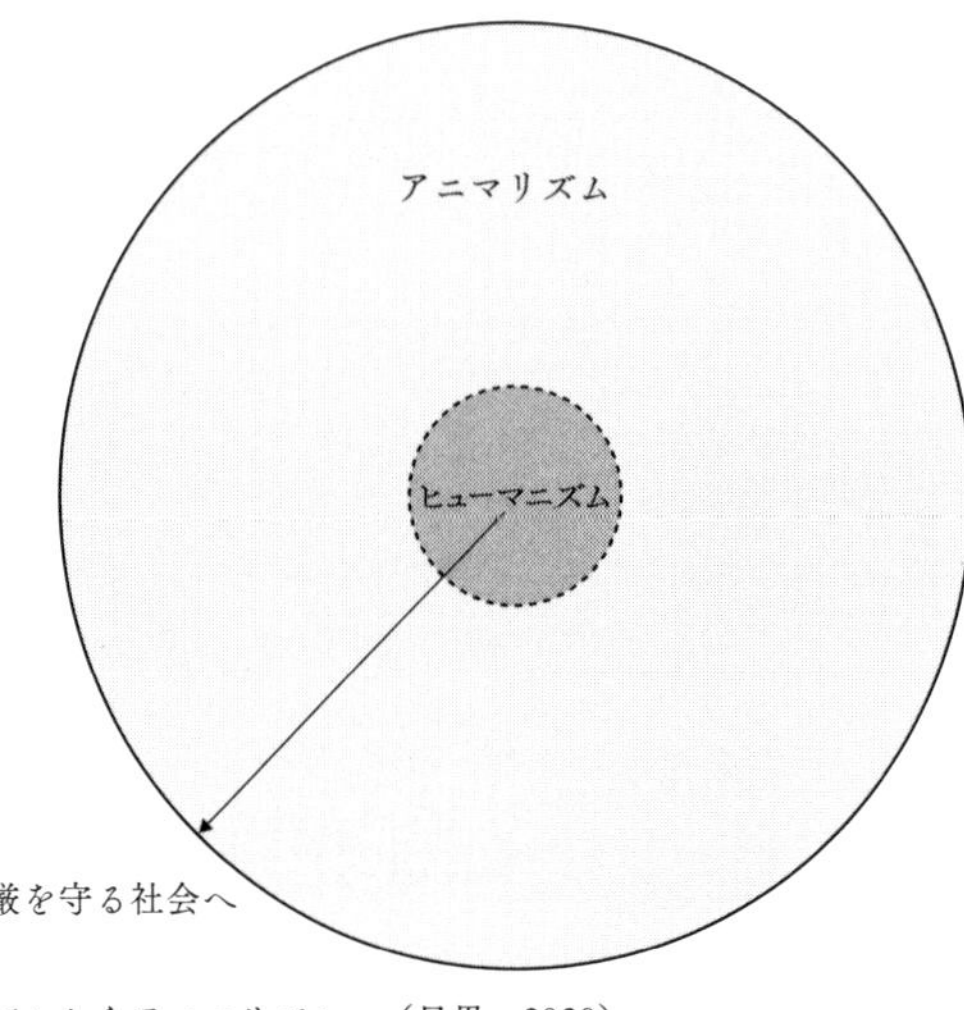

図4　ヒューマニズムからアニマリズムへ（目黒、2020）

であると考えられる。

アリ、ヘビ、イヌ、ブタ、ひとは、それぞれに違う環境のアフォーダンスを知覚するので、必要とするニーズは大きく異なっているが、彼らは等しく、苦しまずに生きることへの関心を持っている。ブタの生活と苦しまずに生きることへの関心を考慮するなら、アニマリストが妊娠ストールで飼育された豚肉の購入を正当化することは難しい。一方で、ひとのいる場所から毒ヘビを移動させることも、そのヒトが苦しまずに生き延びることへの関心を考慮するなら、倫理的で合理的な行動であると言える。いずれの場合も、道徳的な配慮として、可能な限りひとを含む動物に与えられる死は痛みや苦しみのないものであるべきであることを示唆している（Animalist, 2019）。

目黒（二〇二〇）は、〈ヒューマニズム〉と〈アニマリズム〉の関係性を図4のように表現してい

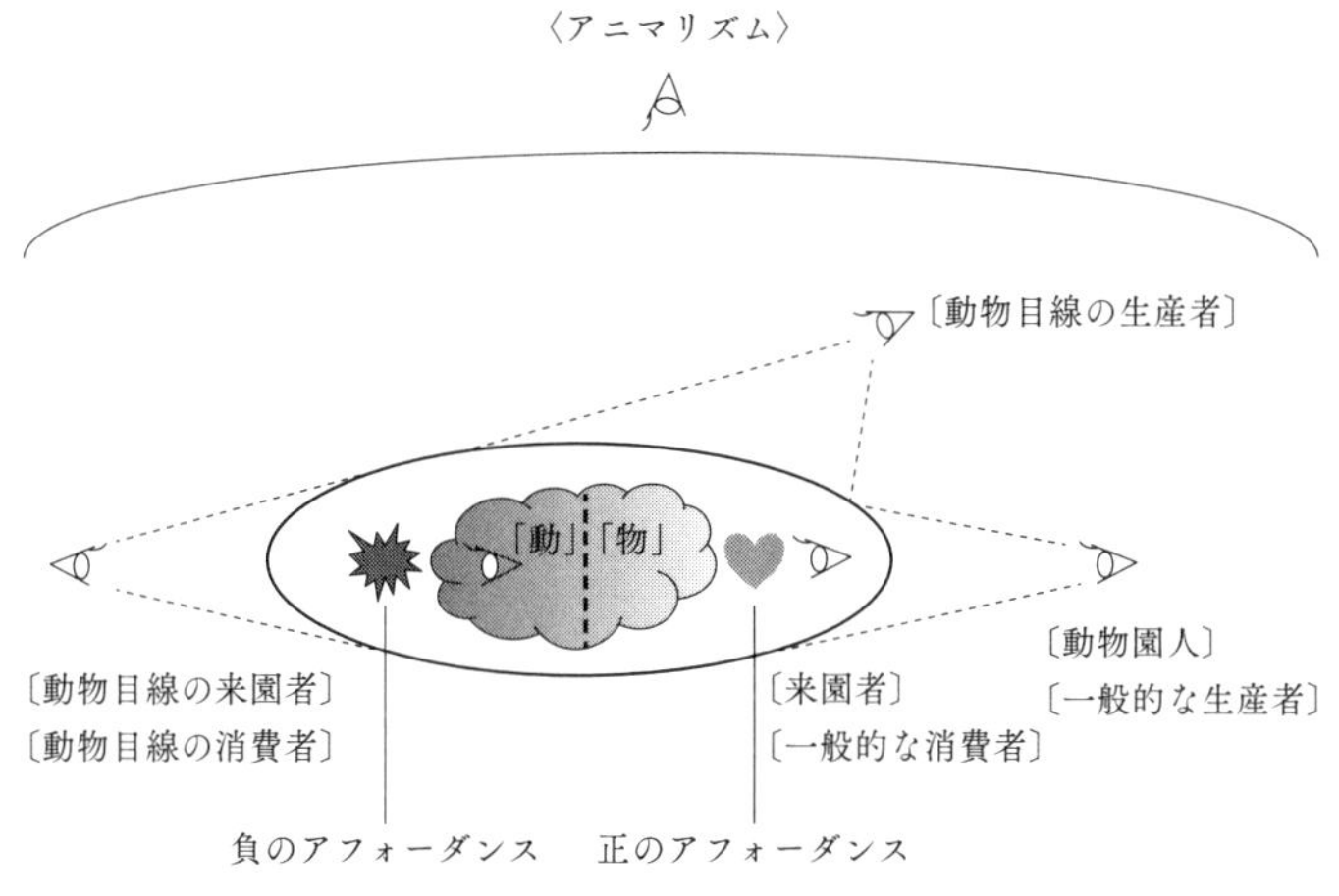

図5　ひとの立ち位置の未来図

る。〈ヒューマニズム〉は〈アニマリズム〉の内部にすっかり含まれてしまっている。ひとはそもそも動物であり、かつ、動物にはひと以外の種が多数存在するのだから、前者が後者に含まれるのは当然のことと言えるが、この図が意味することは深くて大きい。国籍や民族、性、年齢、職業等の別なく、すべての人々に痛みや苦しみを避けることを利益とする権利が与えられるのと同時に、私たちは同じくその権利を、苦しまずに生きることへの関心を有する動物にも保証することになる。私たちは動物の一員として、ひと以外の動物との関係の結び方を根本から問われているのである。そして同時に、そのような社会は、ひとに対しても、より弱い者の尊厳を守る社会でもある。

図5には、本書で明らかにしてきた様々なひとの立ち位置の未来図が示されている。〈ヒューマニスト〉と〈脱ヒューマニスト〉とが二手に別れ、

各々の立ち位置から互いをけん制し合ってきたのが従来の姿だとすると、これからは、〈アニマリズム〉の立ち位置から〈ヒューマニズム〉と〈脱ヒューマニズム〉の両方を俯瞰し、その中心に存在する動物とのコミュニケーションを最も優先しながら、全体を見ることを可能にするだろう。〈アニマリスト〉は、〈ヒューマニスト〉と同様に、確立された教義や迷信よりも批判的思考と証拠（合理主義、経験主義）を好む（同サイト）。そのため、動物とのコミュニケーションにおいては科学的な知識と手法を積極的に取り入れ、動物が体験していることを可能な限り忠実に抽出し解釈することが目指されるだろう。

自分自身を動物として位置づけ直すことは、ひとの独自性や優越性を追求してきた現代人にとってある種の屈辱なのかもしれない。しかし、そうすることによって得られる自由は、意外なほどに心地よいはずだ。動物への思いやりは、自分に対する優しさとして返ってくる。地球への思いやりも、やがてはひとや動物へと返ってくる。長期的に見て利益になるようなこのような環境の創出は、社会的ジレンマ問題を解決する意味でも大きな意義がある。

社会的ジレンマ問題に関する限界質量の研究では、四〇パーセント以上の人々が最初に協力していれば、結局は八七パーセントの人々が協力することになるという（山岸、二〇〇〇、二〇〇頁）。まずは日本国民の四〇パーセントの方々と〈アニマリズム〉の精神を共有することを目標に、今後も思索を続けていきたい。

あとがき

この本を書き終えた今私が感じているのは、張り詰めていた精神の糸がゆるゆるとほどけていくような安堵感と、書けなかったいくつかのことを残してこの書を終わりにすることへの後ろめたさである。

例えば家畜伝染病「豚コレラ（CSF）」の問題。二〇一八年九月に岐阜県で発生が確認されて以来、日本各地に感染がみるみる拡大し、この本の執筆に取り掛かっていた二〇一九年の夏から冬にかけて、養豚場の豚たちが大量に殺処分される様子が連日のようにニュースで報道されていた。SNSでも、殺処分に携わられた自衛隊員たちの中に、死を察知してパニック状態になる豚の様子や殺処分時の豚の鳴き声が脳裏から離れず、トラウマになるひとが少なくないという記事を何度も目にした。その度に私は悲しみと怒りでいっぱいになり、このような悲劇が起こり続ける原因を明るみにし、政府や農家、消費者に対する具体的提言を、この本の中で論じてみようという思いに駆られた。しかし、本書の論旨から逸脱することなくそうした具体的事例を盛り込むことは思った以上に難しく、実現には至らなかった。

しかし、本書が最終的に示したことは、動物に対して正しい道徳的判断をするためには、私たちの行為によって影響を受けている動物たちを、私たちとコミュニケーションする社会の一員として認めることだということであった。動物は私たちと同じく痛みや苦悩を感じることのできる存在であり、そうである限り道徳的配慮を必要とする存在である。この主張はいくぶん抽象的であるが、それだけ多くの個別事象に適用される考え方であるため、例えば豚コレラのような事例においてどのような配慮や対処が不足しているかといった具体例を考えるために必要な思考の枠組みを提供することはできたのではないかと考えている。

この本を書き上げるにあたり、多くの方に協力していただいた。立教大学教授で本シリーズの監修者である河野哲也先生には、本書の着想のもととなる書籍を多数提供していただいた。環境学、動物学、生態学的心理学、倫理学、道徳哲学など多方面にわたる河野先生の知識基盤の分厚さにはただただ敬服する。それだけでなく、本の構想についてご相談すると、先生はいつでもすぐに貴重なご助言をくださった。先生のご高配のすべてに深く感謝申し上げる。

貴重な資料を快く提供してくださった動物ジャーナリストで映画監督の佐藤榮記氏、示唆に富むたくさんのご助言と資料を与えてくださったNPO法人動物解放団体リブ代表の目黒峰人氏に深謝申し上げる。さらに、私が二〇二二年三月まで所属していた東京慈恵会医科大学にも、様々な形でご支援いただいた。ここに改めて御礼申し上げる。

東京大学出版会編集部の木村素明様には、いつも熱心に相談に乗っていただき、編集の過程でも非常にお世話になった。深くお礼申し上げる。

最後に、本書の完成を誰よりも待ちわび、喜んでくれている私の母に心から感謝する。彼女は私の原稿に興味を寄せ、章を書き上げるたびに原稿に目を通し、涙しながら感想を述べてくれた。動物とひとの愛し方をわたしに教えてくれた母に、心からありがとうと伝えたい。

二〇二二年四月

谷津裕子

著者近影：Elephant Nature Park（チェンマイ、タイ）にて（2020 年 1 月撮影）
ここは、ゾウのためのサンクチュアリ（自然保護区）。ゾウ乗りの装具により体毛を失い体温調整ができなくなったゾウ。カメラのフラッシュで失明したゾウ、人間が近づくことを恐れる、虐待を受けてきたゾウ。強制的な繁殖行為により後ろ足を負傷し歩行障害のあるゾウ。たくさんのゾウが暮らしている。人間の心ない行為により生涯にわたる傷を負ったゾウたちの心と体を癒すため、人為的な介入は最小限とされている。植樹プログラムを導入して動植物の生態学的バランスを促進したり、地元住民の雇用と農産物の購入によって地域社会の文化的保護を行ったりと、このサンクチュアリは動物・ひと・環境の倫理的共生のあり方を示唆している。世界中のボランティアの活動と寄付金が運営を支えている。

引用・参照文献

秋川正（二〇一六）「第一〇章　元気な生産者が健康な動物と人を育てる――山口県秋川牧園のネットワーク生産」松木洋一（編）『日本と世界のアニマルウェルフェア畜産上巻　人も動物も満たされて生きる』養賢堂、七三―八〇

荒木淳（二〇一六）「日本にはたった一頭で暮らす孤独な象がたくさんいるという現状を考える」イミシン https://www.imishin.me/hanako-the-elephant/

有馬貴之（二〇一〇）「動物園来園者の空間利用とその特性――上野動物園と多摩動物公園の比較」『地理学評論』、八三（四）、三五三―三七四

五百部裕（二〇〇九）「名古屋市、東山動物園来園者の動物に対する関心の変化と展示施設前での行動」https://www.saga-jp.org/journal/11/IJEEe00173.pdf

石毛直道（二〇〇九）「食用の展開と多様性」、林良博・森裕司・秋篠宮文仁・池谷和信・奥野卓司（編）『ヒトと動物の関係学第二巻　家畜の文化』岩波書店、一四―三六

石田戢（二〇一〇）『日本の動物園』東京大学出版会

石田戢（二〇一三）「IV．展示動物　第一一章　〝ふれあい〟とお世話」、石田戢ほか（編）『日本の動物観――人と動物の関係史』東京大学出版会、二〇九―二二五

伊勢田哲治（二〇〇八）『動物からの倫理学入門』名古屋大学出版会

伊藤宏（二〇〇一）『食べ物としての動物たち――牛、豚、鶏たちが美味しい食材になるまで』講談社

井上太一（二〇一九）「解題」マーク・ホーソーン『ビーガンという生き方』緑風出版、一九五―二〇五

ウィズニュース（二〇二一）「ＡＩカメラで豚の行動を解析――勘や経験を『見える化』する畜産ＤＸ」https://

withnews.jp/article/f0210814000qq00000000000000W0gd10701qq000023449A?fbclid=IwAR2OeZMbR7fWYtsBaS4C3WUCAAiylxEYJvgMGUx78UZ6z06gdWr-tx2ORw

氏本長一（二〇一六）「第一一章　小さな離島で放牧養豚ライフスタイル――山口県瀬戸内海・祝島の氏本農園」松木洋一（編）『日本と世界のアニマルウェルフェア畜産上巻　人も動物も満たされて生きる』養賢堂、八一―八八

打越綾子（二〇一六）『日本の動物政策』ナカニシヤ出版

枝廣淳子（二〇一八）『アニマルウェルフェアとは何か――倫理的消費と食の安全』岩波書店

ＮＰＯ法人動物解放団体リブ（n.d.）トップページ．https://animal-liberator.net/animal-liberator/

ＮＰＯ法人動物解放団体リブ（二〇一七ａ）「異常行動リスト：動物」https://animal-liberator.net/animal-liberator/list-abnormal-behavior

ＮＰＯ法人動物解放団体リブ（二〇一七ｂ）「日本一詳しい動物園水族館問題」一一月一〇日東京講演資料

ＮＰＯ法人動物解放団体リブ（二〇一八ａ）「エサにされる動物たち」https://animal-liberator.net/animal-liberator/readyfor181015-feed

ＮＰＯ法人動物解放団体リブ（二〇一八ｂ）「ＭＡＰ日本：単独監禁のゾウ　現在一三人」https://animal-liberator.net/animal-liberation-lab/13-elephant-alone-japan/

ＮＰＯ法人動物解放団体リブ（二〇一九ａ）「データ：日本の動物園水族館の数」https://animal-liberator.net/animal-liberator/number-zoo-aquarium-japan

ＮＰＯ法人動物解放団体リブ（二〇一九ｂ）「Ｗｅｂワークショップ：サファリパーク系施設の観察方法」https://animal-liberator.net/animal-liberator/tag/サファリパーク

ＮＰＯ法人動物解放団体リブ（二〇一九ｃ）「地方の寂れた行政系動物園の特徴と、活動」https://animal-liberator.

net/animal-liberator/ws-country-administration-zoo

NPO法人動物解放団体リブ（二〇一九d）「日本のトラ工場」https://animal-liberator.net/animal-liberator/tiger-factory-japan

NPO法人動物実験の廃止を求める会JAVA、動物保護団体PEACE、認定NPO法人アニマルライツセンター（二〇一九）動物愛護法改正報告会資料（ハンドアウト）

大阪市建設局（二〇一七）「報道発表資料　老朽化した看板を民間活力でリニューアル！　天王寺動物園に面白くて勉強になる動物解説板が登場！」https://www.city.osaka.lg.jp/hodoshiryo/kensetsu/0000408060.html

小笠原英毅（二〇一六）「第四章　有機肉牛生産システムの開発――北里八雲牛ブランド」松木洋一（編）『日本と世界のアニマルウェルフェア畜産上巻　人も動物も満たされて生きる』養賢堂、二二五―二三二

おびひろ動物園公式ブログ「エゾタヌキ飼育日誌」、二〇一九年八月四日 https://ameblo.jp/obihirozoo/entry-12501568140.html?frm=theme

風間与司治（二〇一八）「生協産直の取り組みからアニマルウェルフェアを考える」松木洋一（編）『日本と世界のアニマルウェルフェア畜産下巻　二一世紀の畜産革命――アニマルウェルフェア・フードシステムの開発』養賢堂、一六―二一

金澤朋子・鳥谷明子・小島仁志・小谷幸司・安藤正人・村田浩一（二〇一六）「動物園における来園者の行動と観察板の設置位置との関係性」『環境情報科学学術研究論文集』、三〇、一〇三―一〇六

木下直之（二〇一八）『動物園巡礼』東京大学出版会

倉嶋誠（二〇一八）「アニマルウェルフェア食品のらでぃっしゅぼーやでの取り組みについて」松木洋一（編）『日本と世界のアニマルウェルフェア畜産下巻　二一世紀の畜産革命――アニマルウェルフェア・フードシステムの開発』養賢堂、二五―三四

公益財団法人長寿科学振興財団　健康長寿ネット（二〇一九）「長生きしている高齢者は何を食べているか？」https://www.tyojyu.or.jp/net/kenkou-tyoju/koureisha-shokuji/nagaiki-koreisha-naniotaberu.html

公益社団法人畜産技術協会（二〇一四ａ）「採卵鶏の飼養実態アンケート調査結果報告書」『平成二六年度国産畜産物安心確保等支援事業』http://jlta.lin.gr.jp/report/animalwelfare/H26/factual_investigation_lay_h26.pdf

公益社団法人畜産技術協会（二〇一四ｂ）「肉用牛の飼養実態アンケート調査結果報告書」『平成二六年度国産畜産物安心確保等支援事業』http://jlta.lin.gr.jp/report/animalwelfare/H26/factual_investigation_beef_h26.pdf

公益社団法人畜産技術協会（二〇一四ｃ）「豚の飼養実態アンケート調査結果報告書」『平成二六年度国産畜産物安心確保等支援事業』http://jlta.lin.gr.jp/report/animalwelfare/H26/factual_investigation_pig_h26.pdf

公益社団法人畜産技術協会（二〇一四ｄ）「乳牛の飼養実態アンケート調査結果報告書」『平成二六年度国産畜産物安心確保等支援事業』http://jlta.lin.gr.jp/report/animalwelfare/H26/factual_investigation_cow_h26.pdf

公益社団法人日本動物福祉協会（n.d.）「動物福祉について」https://www.jaws.or.jp/welfare01/

公益社団法人日本畜産学会（n.d.）「畜産学って何？」http://jsas-org.jp/about/account/faq.html

厚生労働省 e-Stat（二〇二一）「令和二年度食肉検査等情報還元調査第七の三表　疾患別羽数」https://www.e-stat.go.jp/stat-search/files?page=1&layout=datalist&toukei=00450192&tstat=000001024512&cycle=0&tclass1=000001159686&tclass2val=0

河野哲也（二〇〇三）『エコロジカルな心の哲学——ギブソンの実在論から』勁草書房

河野哲也（二〇〇五）『環境に拡がる心——生態学的哲学の展望』勁草書房

河野哲也（二〇〇七）『善悪は実在するか——アフォーダンスの倫理学』講談社選書メチエ

河野通明（二〇〇九）「農耕と牛馬」中澤克昭（編）『歴史の中の動物たち2　人と動物の日本史』吉川弘文館

国立研究開発法人国立がん研究センター（二〇二一）「がんの発生要因」https://ganjoho.jp/public/pre_scr/cause_

prevention/factor.html
佐藤榮記（二〇一八）『かわいそうな象を知っていますか』（映画）
佐藤衆介（二〇〇五）『アニマルウェルフェア――動物の幸せについての科学と倫理』東京大学出版会
柴田博（二〇一三）『肉を食べる人は長生きする――健康寿命を伸ばす本当の生活習慣』ＰＨＰ研究所
高槻成紀（二〇一三）『動物を守りたい君へ』岩波書店
高橋英明（二〇一八）「日本型アニマルウェルフェア畜産のフードシステム開発の課題」松木洋一（編）『日本と世界のアニマルウェルフェア畜産下巻　二一世紀の畜産革命――アニマルウェルフェア・フードシステムの開発』養賢堂、一一三―一一六
滝川康治（二〇一六ａ）「第一章　小さな牧場の優しい牛飼い夫婦――北海道旭川・クリーマリー農夢」松木洋一（編）『日本と世界のアニマルウェルフェア畜産上巻　人も動物も満たされて生きる』養賢堂、一―八
滝川康治（二〇一六ｂ）「第三章　多彩なマーケティングの放牧酪農――北海道十勝しんむら牧場」松木洋一（編）『日本と世界のアニマルウェルフェア畜産上巻　人も動物も満たされて生きる』養賢堂、一七―二四
瀧川晴菜・杉山岳弘（二〇一二）「動物園のためのソーシャルメディアを活用した積極的な知識提供モデルの提案」『情報処理学会第七四回全国大会抄録集』、四、六五九―六六〇
ＷＷＦジャパン（二〇一九）「地球温暖化が進むとどうなる？　その影響は？」https://www.wwf.or.jp/activities/basicinfo/1028.html
津川友介（二〇一八）「医学的に〝健康に良い食べ物〟は五つしかない」https://toyokeizai.net/articles/-/217690
東スポＷｅｂ（二〇一七）「初映画化で動物園の問題提起へ」https://www.tokyo-sports.co.jp/entame/718959/
動物保護団体ＰＥＡＣＥ（n.d.）トップページ．https://animals-peace.net/aboutus.html
動物保護団体ＰＥＡＣＥ（二〇一七）「ＯＩＥは採卵鶏のウェルフェアコードを策定中　要望書を提出しまし

た」https://animals-peace.net/farmanimals/oie-layinghen-welfarecode.html

十勝毎日新聞（二〇一九）「おびひろ動物園『いいね』一六万件　飼育係がＳＮＳ反響大きく」『十勝毎日新聞電子版』、七月一四日

中嶋千里（二〇一六）「第九章　理想郷を求めて建設した放牧養豚——山梨県ぶぅふぅうぅ農場」松木洋一（編）『日本と世界のアニマルウェルフェア畜産上巻　人も動物も満たされて生きる』養賢堂、六五—七二

中村雄二郎（一九九七）『感性の覚醒——近代情念論の再検討を通じて』岩波書店

西田利貞（二〇一〇）「解説」de Waal, F, 柴田裕之（訳）『共感の時代へ——動物行動学が教えてくれること』紀伊國屋書店

日本経済新聞（二〇一九）「プラントベースドミート（植物肉）とは」二〇一九年九月七日朝刊 https://www.nikkei.com/article/DGKKZO49531860W9A900C1TJC000/

日本動物園水族館協会（n.d.）「野生生物の保全に関する実態調査報告」https://www.jaza.jp/about-jaza/four-objectives/protection-nature/report-4

日本貿易振興機構（二〇二一）「ＣＯＰ26で新たな気候変動対策目標を発表、メタン排出削減への貢献も（ブラジル）」https://www.jetro.go.jp/biznews/2021/11/4a0e058397c152ee.html

認定ＮＰＯ法人アニマルライツセンター（n.d.）トップページ https://arcj.org/top/

認定ＮＰＯ法人アニマルライツセンター（二〇一四）「畜産動物に対する消費者意識・行動調査」https://www.hopeforanimals.org/animal-welfare/340/

認定ＮＰＯ法人アニマルライツセンター（二〇一六ａ）「動物たちの苦悩——常同行動」https://arcj.org/issues/entertainment/zoo/zoo609/

認定ＮＰＯ法人アニマルライツセンター（二〇一六ｂ）「孤独なゾウの環境改善を！」https://arcj.org/issues/

entertainment/zoo/zoo946/
認定ＮＰＯ法人アニマルライツセンター（二〇一七）「なんで岩山？　日本の動物園のニホンザル」https://arcj.org/issues/entertainment/zoo/zoo1124/
認定ＮＰＯ法人アニマルライツセンター（二〇一八）『日本の動物達に起きていること——畜産：アニマルライツとウェルフェア』認定ＮＰＯ法人アニマルライツセンター
認定ＮＰＯ法人アニマルライツセンター（二〇一九ａ）「屠殺場での豚係留時に必要な面積」https://www.hopeforanimals.org/pig/the-area-required-for-pigs-at-a-slaughterhouse/
認定ＮＰＯ法人アニマルライツセンター（二〇一九ｂ）「終わらない豚コレラ——124,993 頭の犠牲、養豚の限界」https://www.hopeforanimals.org/pig/csf-asf/
認定ＮＰＯ法人アニマルライツセンター（二〇一九ｃ）「私たちについて——思いやりのある世界を目指して」https://arcj.org/about-us/
根岸奈央・千田絵里子・安藤元一・小川博（二〇一四）「子供動物園のふれあい施設における入場者の行動」『東京農大農学集報』五九（二）、一五七—一六二
農林水産省（二〇二〇）「畜産物流通調査　調査結果の概要（令和2年）」https://www.maff.go.jp/j/tokei/kouhyou/tikusan_ryutu/
橋川央（二〇一八）「動物園動物の存在と動物園がやっていること」『人間と動物の関係を考える——仕切られた動物観を超えて』ナカニシヤ出版
花園誠（二〇一三）「産業動物」石田戢・濱野佐代子・花園誠・瀬戸口明久『日本の動物観——人と人間の関係史』東京大学出版会、七一—一四二
フォーブスジャパン（二〇一八）「世界で進む〝肉食離れ〟——ミレニアル世代がけん引」https://forbesjapan.

com/articles/detail/20409

フォーブスジャパン（二〇二一）「世界初、イスラエル企業が３Ｄプリンターで培養リブアイ肉開発」https://forbesjapan.com/articles/detail/39847?fbclid=IwAR34kxkZivtf-6u-N_IE3VFA0jvukt0sjlUiby0FuIUORFZYAlh4G1bH4U

ふかもりふみこ（二〇一七）『地球から愛される「食べ方」――この星を貪らない生き方「ヴィーガン・ライフ」入門』現代書林

ブリタニカ国際大百科事典小項目事典（n.d.）「動物学」https://kotobank.jp/word/動物学-104098

古性摩里乃・諸井克英（二〇一七）「動物園の社会心理学（二）――動物園で飼育されている動物に対する性格特性推測」『同志社女子大学生活科学』五一、一一―一六

フレンバシー（二〇一九）「二〇一八年の訪日外国人ベジタリアン――人数と市場規模」https://frembassy.jp/ja/news-post/vegetarianmarket/

フレンバシー（二〇二一）「第三回日本のベジタリアン・ヴィーガン・フレキシタリアン人口調査を実施」https://frembassy.jp/news-post/statistics3/

前多敬一郎・東村博子（二〇〇九）「バイオテクノロジーと家畜」、林良博・森裕司・秋篠宮文仁・池谷和信・奥野卓司（編）『ヒトと動物の関係学第二巻　家畜の文化』岩波書店、二一八―二三七

幕内秀夫（二〇一一）『「健康食」のウソ』ＰＨＰ新書

松木洋一（編）（二〇一六）『日本と世界のアニマルウェルフェア畜産上巻　人も動物も満たされて生きる』養賢堂

松木洋一（編）（二〇一八）『日本と世界のアニマルウェルフェア畜産下巻　二一世紀の畜産革命――アニマルウェルフェア・フードシステムの開発』養賢堂

松田征也（二〇〇三）「ワークショップ『動物解説パネルを作ろう』を開催して」『なきごえ』、三九（四）、http://nakigoe.jp/nakigoe/2003/04/ws.html

向山一輝（二〇一六）「第八章　ケージから放牧、有機養鶏への転換――山梨県黒富士農場」松木洋一（編）『日本と世界のアニマルウェルフェア畜産上巻　人も動物も満たされて生きる』養賢堂、五七―六四

目黒峯人（二〇一八）「社会的進化――倫理の拡大」Vegan~ 未来の生き方ワークショップ資料

目黒峯人（二〇二〇）「ヒューマニズムからアニマリズムへ」Facebook 目黒峯人ページ．https://www.facebook.com/photo.php?fbid=3497889976947899&set=a.240698539333742&type=3&theater

諸井克英・古性摩里乃（二〇一八）『動物園の社会心理学――動物園が果たす役割と地方動物園が抱える問題』晃洋書房

矢崎栄司（二〇一八）「放牧、野草の飼料利用、家畜福祉からの日本型畜産の未来像」松木洋一（編）『日本と世界のアニマルウェルフェア畜産下巻　二一世紀の畜産革命――アニマルウェルフェア・フードシステムの開発』養賢堂、一―一二

山岸俊男（二〇〇〇）『社会的ジレンマ――「環境破壊」から「いじめ」まで』PHP新書

山村恒年（一九九八）「アマミノクロウサギに代わって訴訟――自然物も権利をもつか」加藤尚武（編）『環境と倫理――自然と人間の共生を求めて』有斐閣アルマ、六五―八四

若杉友子（二〇一三）『長生きしたけりゃ肉は食べるな』幻冬舎

若生謙二（一九九八）「アメリカの動物園におけるランドスケープ・イマージョンの概念と動物観の変化」『ランドスケープ研究』、六二（五）、四七三―四七六

Animal Ethics Dilemma net (n.d.). *Welcome to Animal Ethics Dilemma*. http://www.aedilemma.net/home

Appleby, M. C., & Hughes, B. O. (1997). *Animal welfare*. CABI Publishing.（アップルビー、M、C、ヒューズ、B、

O、佐藤衆介、森裕司（監修）（二〇〇九）『動物への配慮の科学——アニマルウェルフェアをめざして』チクサン出版社）

Arendt, H. (1963). *Eichmann in Jerusalem: A report on the banality of evil.* Viking Press.（アーレント、H、大久保和郎（訳）（二〇一七）『新版　エルサレムのアイヒマン——悪の陳腐さについての報告』みすず書房）

Bentham, J. (1789). *An introduction to the principles of morals and legislation.* 1996. Oxford : Clarendon Press.

Bernstein, H. (2004). *Without a tear: Our tragic relationship with animals.* University of Illinois Press.

Carson, R. (1962). *Silent spring.* Mariner Books.（カーソン、R、青樹簗一（訳）（一九七四）『沈黙の春』新潮社）

Cavell, S. (2008). "Companionable Thinking." S. Cavell, C. Diamond, J. McDowell, I. Hacking, and C. Wolfe, *Philosophy & animal life.* Columbia University Press.（カヴェル、S、中川雄一（訳）（二〇一〇）「伴侶的思考」『〈動物のいのち〉と哲学』春秋社、一三三—一七三）

Chatham House (2021). Food system impacts on biodiversity loss: Three levers for food system transformation in support of nature. https://www.chathamhouse.org/2021/02/food-system-impacts-biodiversity-loss

Coetzee, J. M. (1999). *The lives of animals.* Princeton University Press.（クッツェー、J、M、森祐希子・尾関周二（訳）（二〇〇三）『動物のいのち』大月書店）

Cohen, S. (2001). *States of Denial: Knowing about atrocities and suffering.* 1st edition. Polity Press.

de Waal, F. (2009). *The age of empathy: Nature's lessons for a kinder society.* The Crown Publishing Group.（ドゥ・ヴァール、F、柴田裕之（訳）（二〇一〇）『共感の時代へ——動物行動学が教えてくれること』紀伊国屋書店）

Diamond, C. (2008). "The difficulty of reality and the difficulty of philosophy." S. Cavell, C. Diamond, J. McDowell, I. Hacking, and C. Wolfe, *Philosophy and animal life.* Columbia University Press. pp. 1-26.（ダイヤモンド、C、中川雄一（訳）（二〇一〇）「現実のむずかしさと哲学のむずかしさ」『〈動物のいのち〉と哲学』春秋社、七七—

一三一）

Ekman, P.（2003）. *Emotions Revealed: Recognizing Faces and Feelings to Improve Communication and Emotional Life.* Times Books.（エクマン、P、菅靖彦（訳）（二〇一八）『顔は口ほどに嘘をつく』河出文庫）

FAIRR（2018）. Market for alternative protein to reach $5.2 billion USD by 2023. https://www.marketsandmarkets.com/PressReleases/meat-substitutes.asp

FAO: Food and Agriculture Organization of the United Nations（2006）. Livestock's long shadow: Environmental issues and options. http://www.fao.org/3/a0701e/a0701e00.htm

Francione, G. L.（2000）. *Introduction to animal rights: Your child or the dog?.* Philadelphia: Temple University Press.（フランシオン、G、L、井上太一（訳）（二〇一八）『動物の権利入門——わが子を救うか、犬を救うか』緑風出版）

Frank, R. H.（1988）. *Passion within reason: The strategic role of the emotions.* W.W. Norton and Company.（フランク、R、H、山岸俊男（監訳）（一九九五）『オデッセウスの鎖——適応プログラムとしての感情』サイエンス社）

Gibson, J. J.（1979）. *The ecological approach to visual perception.* Houghton Mifflin Company.（ギブソン、J、J、古崎敬・古崎愛子・辻敬一郎・村瀬旻（訳）（一九八五）『ギブソン　生態学的視覚論——ヒトの知覚世界を探る』サイエンス社）

Gibson, J. J.（1982）. *Reasons for realism.* E. Reed, & R. Jones（Eds.）. Hillsdale, NJ: Lawrence Erlbaum.（ギブソン、J、J、境敦史・河野哲也（訳）（二〇〇四）『ギブソン心理学論集——直接知覚論の根拠』勁草書房）

Hawthorne, M.（2016）. *A vegan ethic: Embracing a life of compassion toward all.* John Hunt Publishing Limited.（ホーソーン、M、井上太一（訳）（二〇一九）『ビーガンという生き方』緑風出版）

IPCC（2019）. Climate change and land. *ICPP Special Report.* https://www.ipcc.ch/srccl/

Kant, I. (1963). *Lectures on Ethics*, L. Infield (trans.). New York: Harper Torchbooks.

Kim, S., Fenech, M. F. , & Kim, P-J. (2018). Nutritionally recommended food for semi- to strict vegetarian diets based on large-scale nutrient composition data. *Nature*, 12th March 2018. https://www.nature.com/articles/s41598-018-22691-1

Krznaric, R. (2013). *Empathy: Why it matters, and how to get it.* Rider Books.（クルツナリック、R、田中一明・荻野高拡（訳）（二〇一九）『共感する人――ホモ・エンパシクスへ、あなたを変える六つのステップ』ぷねうま舎）

Mackie, D. (1999). "Animalism versus Lockeanism: No Contest", *The Philosophical Quarterly*, 49(196): 369–376. doi:10.1111/1467-9213.00148

Meadows, D. H., Meadows, D. L., & Randers, J. (1972). *The limits to growth.* Potomac Associates.（メドウス、D、H、メドウス、D、L、ランダース、J、枝廣淳子（訳）（二〇〇五）『成長の限界――人類の選択』ダイヤモンド社）

Mellor, D. J. (2016). Updating animal welfare thinking: Moving beyond the "Five Freedoms" towards "A Life Worth Living". *Animals*. 6(3), 21. doi: 10.3390/ani6030021

Nash, R. F. (1989). *The rights of nature: A history of environmental ethics.* The University of Wisconsin Press.（ナッシュ、R、F、松野弘（訳）（一九九九）『自然の権利――環境倫理の文明史』ちくま学芸文庫）

Olson, E. T. (1997). *The Human Animal: Personal Identity Without Psychology*. New York: Oxford University Press. doi:10.1093/0195134230.001.0001

Olson, E. T. (2007). *What Are We? A Study in Personal Ontology*. New York: Oxford University Press. doi:10.1093/acprof:oso/9780195176421.001.0001

Research and Markets (2018). Global $10.8 billion plant based protein market opportunity analysis and industry forecasts 2017–2022. https://www.globenewswire.com/news-release/2018/02/08/1335925/0/en/Global-10-8-Billion-Plant-Based-Protein-Market-Opportunity-Analysis-and-Industry-Forecasts-2017-2022.html

Return to Now (2016). "Zoochosis" documentary claims zoos drive animals insane. https://returntonow.net/2016/06/02/zoochosis-happens-wild-animals-captivity/

Schwandt, T. A. (2007). *The SAGE dictionary of qualitative inquiry*, 3rd edition. Sage Publications.（シュワント、T、A、伊藤勇・徳川直人・内田健（監訳）（二〇〇九）『質的研究用語事典』北大路書房）

Shibata, H., Nagai, H., Haga, H., Yasumura, S., Suzuki, T., & Suyama, Y. (1992). Nutrition for the Japanese elderly. *Nutrition and Health*, 8, 165–175.

Siegel,P. B., & Dunnington, E. A. (1990). Behavior genetics. In R. D. Crawford (Ed.), Poultry breeding and genetics. *Developments in animal and veterinary science*, Vol. 22, Amsterdam: Elsevier.

Singer, P. (2009). *Animal liberation*. New York: Harper Perennial Modern Classics.（シンガー、P、戸田清（訳）（二〇一一）『動物の解放　改訂版』人文書院）

Snowdon, P. F. (1991). "Personal Identity and Brain Transplants", In D. Cockburn (Ed.), *Royal Institute of Philosophy Supplement*, (proceedings of the conference on Human Beings, July 1990, Lampteter, Wales), 29: 109–126. doi:10.1017/S1358246100007499

Stanford Encyclopedia of Philosophy (2019). *Animalism*. https://plato.stanford.edu/entries/animalism/

The Animalist (2019). *What is animalism?* . https://medium.com/@TheAnimalist/what-is-animalism-dc1bb9f9f822

The Lancet Commission (2019). Food in the Anthropocene: the EAT-Lancet Commission on healthy diets from sustainable food systems. *The Lancet*, 16th January 2019. https://www.nationalchickencouncil.org/wp-content/uploads/2019/01/EAT-

Lancet-Report-Embargoed-til-16-January.pdf

Tilston, J. (2004). *How to explain why you're vegetarian to your dinner guests*. Trafford Publishing.（ティルストン、J、小川昭子（訳）（二〇〇七）『わたしが肉食をやめた理由』日本教文社）

Yatsu, H. (2017). "*Relationship between an attachment to companion animals and sensitivity to animal sentience among Japanese people.*" Master's thesis for University of Glasgow, the United Kingdom.

Zaraska, M. (2016). *Meathooked: The history and science of our 2.5-million-year Obsession with meat*. Basic Books.（ザラスカ、M、小野木明恵（訳）（二〇一七）『人類はなぜ肉食をやめられないのか――二五〇万年の愛と妄想のはてに』インターシフト）

谷津裕子（やつ・ひろこ）

公立大学法人 宮城大学人間・健康学系看護学群教授，同大学院看護学研究科教授．博士（看護学），Master of Science（Medical Veterinary and Life Sciences）．専門は母性看護学・助産学，基礎看護学，動物福祉学．主要著書に『看護のアートにおける表現――熟練助産師のケア実践に基づいて』（風間書房），『Start up 質的看護研究 第2版』（学研メディカル秀潤社），『質的看護研究の基礎づけ』（共著，看護の科学社），『知の生態学的転回2 技術』（分担執筆，東京大学出版会），『新訂版 写真でわかる母性看護技術アドバンス』（分担執筆，インターメディカ），『新助産学シリーズ　助産学概論』（分担執筆，青海社），『いのちの倫理学』（分担執筆，コロナ社）ほか．

知の生態学の冒険　J・J・ギブソンの継承 5
動物　ひと・環境との倫理的共生

2022年6月3日　初　版

［検印廃止］

著　者　谷津裕子

発行所　一般財団法人　東京大学出版会

代表者　吉見俊哉

153-0041 東京都目黒区駒場4-5-29
http://www.utp.or.jp/
電話　03-6407-1069　Fax 03-6407-1991
振替　00160-6-59964

装　幀　松田行正
組　版　有限会社プログレス
印刷所　株式会社ヒライ
製本所　牧製本印刷株式会社

ISBN 978-4-13-015185-6　Printed in Japan